少儿环保科普小丛书

地球上的冰川

本书编写组◎编

1

中国出版集团公司
世界图书出版公司
广州·上海·西安·北京

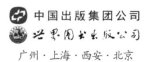

图书在版编目（CIP）数据

地球上的冰川／《地球上的冰川》编写组编．—广州：世界图书出版广东有限公司，2017.1
ISBN 978-7-5192-2320-5

Ⅰ.①地… Ⅱ.①地… Ⅲ.①冰川-青少年读物
Ⅳ.①P343.6-49

中国版本图书馆 CIP 数据核字（2017）第 019600 号

书　　名：地球上的冰川
Diqiu Shang De Bingchuan

编　　者：本书编写组
责任编辑：康琬娟
装帧设计：觉　晓
责任技编：刘上锦
出版发行：世界图书出版广东有限公司
地　　址：广州市海珠区新港西路大江冲 25 号
邮　　编：510300
电　　话：（020）84460408
网　　址：http：//www.gdst.com.cn/
邮　　箱：wpc_gdst@163.com
经　　销：新华书店
印　　刷：虎彩印艺股份有限公司
开　　本：787mm×1092mm　1/16
印　　张：13
字　　数：250 千
版　　次：2017 年 1 月第 1 版　2017 年 1 月第 1 次印刷
国际书号：ISBN 978-7-5192-2320-5
定　　价：29.80 元

前　言

让青少年从学习中获得无穷的乐趣，从书中汲取全方位的精神营养，了解我们很难见到的冰川，是我们写这本书的宗旨。既然是给青少年的图书，就要开卷有益。

青少年正处于身体发育和思想成长阶段，有其自身的共同特点，其中很明显的共同点是对未知事物的好奇心，急于涉猎各方面的知识，相信青少年朋友们在读了本书之后，就会对离我们生活比较遥远的冰川有一定的了解。

在人类居住的地球上，寒冷气候的产物——雪、冰、冰川和冻土组成一个辽阔的冰雪世界，陆地上的冰川和多年的冻土面积共达3000万平方千米。在全球缺水的严峻形势下，冰川是地球的一个天然水库，所以人类不断地进行大规模的融冰化雪工作，这为冰川科学的发展提供了很好的条件。冰川科学与物理学、气象学、水文学、地质学、地理学、生物学以及许多其他科学技术都有密切的联系，它从相邻的学科中汲取养料，又以其成果丰富相邻学科。因此，冰川科学是人类知识宝库中的一个重要组成部分。

战斗在第一线上的科学工作者，不畏艰险，勇于开拓，在艰苦的环境下钻研、摄影才有了我们今天学到的知识、看到的图片。这是科学工作者们智慧的结晶。科学的脚步永远都是在不断的探索中前进，这就要求我们青少年对前人的科学成果进行独立思考，有主见地接受，要多聆听师长们的指导意见，带着怀疑的精神去学习才能有进步，才能更好地掌握科学知识，了解地球的奥秘，长大后才能更好地服务社会，回报祖国。

目 录

Contents

冰川概况

何为冰川

冰川是沿着地面倾斜方向移动的巨大冰体。它像是一条冰组成的河流，大多分布在极地和高山地区。按照冰川的形态和运动特征，分为大陆冰川和山岳冰川两大类。冰川形成地区气候十分寒冷，降水以固体形式的雪为主。当积雪达到一定的厚度时，在重力作用下紧压成冰川冰，并沿着地表缓缓地流动，从而形成了冰川。在历史上，地球上曾有1/3的陆地被冰川所覆盖，现在冰川的覆盖面积也要占到陆地总面积的1/10左右。由于冰川是固体，流动时又受到地面的阻力，因此流动的速度十分缓慢，每年从几米到数十米不等。冰川是地球上储量最大的淡水资源，要占到全球淡水总量的68.7%，被人们称为“固体水库”。发源于高山地区的大河，它们的水源往往来自于冰川融水。

冰　山

在100多年前，欧洲有一支探险队来到欧洲南部的阿尔卑斯山脉探险。在一次雪崩中，几名探险家不幸遇难丧生，被埋在冰川中。当时有人根据冰川流动的速度预言，这几名探险家的尸体40年后将在冰川的下游出现。在43年后，这几名探险家的尸体果真在冰川的下游出现了。

阿尔卑斯山

一、初识冰川

你知道冰川吗？

真正见过冰川，对冰川了解说得出冰川来龙去脉的人，在我们这个世界上，真是凤毛麟角，少之又少。

冰川是像稀有金属那样稀少吗？不是的。说起冰川来，会使你大吃一惊。地球上占地球表面总面积29%的1.49亿平方千米的陆地上，冰川占据的面积，竟有1500多万平方千米，大约占陆地面积的11%，更不用说地球历史上，冰川最鼎盛的时候，它竟占据了陆地面积的32%那个巨大的数目字了。

说到这里，也许你会感到奇怪，既然地球上有这么多冰川，为什么人们对它们却是那样陌生呢？

原来，地球上的冰川，都分布在人迹罕至的高寒地方。探险家、登山家和科学家们秣马厉兵，费了九牛二虎之力，冒着生命危险，才不过在那里逗留一会。一般人想到冰川上去，是很不容易的。因此，你想亲眼见一见冰川，确实还不太容易。

当然，多数人不可能亲自目击到冰川，但也不必灰心丧气。正如我们不能亲眼见到1亿年前称霸世界的恐龙一样，但却可以从自然博物馆里见见恐龙的化石，或者从史前动物的画报上见见恐龙的尊容，还可以阅读一下科普读物《恐龙的故事》，从中了解到一些它们的事迹。

关于冰川，尽管我们在这里是纸上谈兵，但也是能够从书本中获得不少有关它们的科学知识的。

冬天，雪花飞舞，一片皆白，好像天女散花。春天，春风又绿杨柳岸，大地上的积雪，跟着风儿，烟消云散。但是，地球上有许多地方，即使是在赤日炎炎的夏天，那里的积雪，也是融化不完的，这就是雪线以上的高寒地区。积雪在那里每年积累，慢慢变成了冰，又慢慢变成了冰川。

你看过雄伟的喜马拉雅山吗？群岳耸峙，高峰簇拥。在峰峦重叠的山坳岩坡间，白雪皑皑，银蛇皎皎，那千年积雪孕育成的游蜒银蛇，便是冰川。

冰川，顾名思义，就是冰的河流。川，是江河的意思，我国四川省，就是因为有嘉陵江、金沙江、岷江和沱江四条河川而得名的。冰川与河流一样，聚集在低洼的地方，沿着固定的路线流动。但它与河流又不一样，它流动的是冰，而不是水。科学上对冰川所作的定义是：由积雪变成的、能够流动的，分布在陆地上的，并且能够长期存在的冰体。

请你注意：冰川是由积雪变成的。河流上的河冰，湖泊里的湖冰，海洋中的海冰，那是由水冻结而成的，它们不是冰川，不要混淆了。

冰川是能够流动的。北国冬天大地上的积雪，山洼里的死冰，山谷间的冰锥，滑冰鞋下的冰场，都是不会流动的，它们也不是冰川。

冰川是分布在陆地上的。地球南北两极海洋里的浮冰，从陆地的冰川上崩落到海上的冰山，它们漂流在浩瀚的海洋里，它们不是冰川。

冰川是能够长期存在的。江河流冰，水库浮冰，山谷冰锥，海上冰山，它们的寿命都不长，短者半载，长者10余年。

也许，关于冰川的这个咬文嚼字的定义，把你搞得头脑昏昏了，还是让我们说些具体的冰川吧。

世界上最大的冰川，居住在南极大陆上，名字叫南极冰盖。它个子大得已经不像冰的河流，倒像一个冰的大盖子。这位冰川大家庭里个头长得叫人难以相信的巨人，面积有大约1320万平方千米，比欧洲的面积还要稍大一些。这位巨人冰层最厚的地方，有4270米，如果把我国著名的东岳泰山和西岳华山叠罗汉似的叠加在一起移到那里，也会很快被冰川掩埋，永无出头之日。要说这位巨人身体里含有多少水分，准会把你吓一跳，它一共贮存了2000万立方千米的淡水。假若把这些水分倾倒在海洋里，占全球面积2/3的海洋，它的水面立即会涨高60米，世界上一些著名的海滨大城市，像美国纽约、日本东京、英国伦敦、中国上海，马上会葬身海底。

冰川大家庭里排行第二的巨人，居住在北极圈里的世界第一大岛上，名字叫格陵兰冰盖。它属丹麦管辖。老二的个头虽然大大不如老大，面积大约 180 万平方千米。可是，它毕竟还是很大的呀，比丹麦本土大 50 倍，比蒙古国还要大好多。

关于这两位巨人的详细情况，我们暂且留个悬念，在后边的文章里我们会一一介绍。

冰川大家庭中，除了屈指可数的几位巨人外，剩下的个头平平，很难找得出能与巨人同室相处的成员。

在这个大家庭里，与巨人格格不入的，是那些多得无法数清楚的小冰川，我们暂时把它们叫做"小侏儒"吧。提起这些"小侏儒"们，简直多如牛毛，繁如星辰，真不知道该从哪儿说起——甘肃青海交界处的祁连山离我们近些，好吧，就从祁连山说吧。

祁连山一共有 3306 条冰川。够得上巨人资格的，一个也没有。个头平平的，也不算多。侏儒们却簇拥着，简直拥挤不堪。且慢，我们得给侏儒规定个尺寸，否则，没有规矩，不成方圆，谁也不想站到矮人国似的侏儒的队伍里去，我们就无法行文下去了。我们暂且把面积不到 1 平方千米的小冰川，叫做侏儒吧。根据这个标准，祁连山的 3306 冰川里面，就有 2852 条冰川，应该站到侏儒的行列中去。你看，冰川大家庭里，侏儒们的个数占的比例有多大！最小的侏儒，面积只有 1/100 平方千米。当然还有更小的，但在登记"户口"的时候，科学家没有给它们登记上，因此也就无法查考那些没有"户口"的最小侏儒了。其实，面积只有 1/100 平方千米的"小侏儒"，也有 100 米长、100 米宽那样一块地盘。你看，冰川大家庭里最小的侏儒们，也是不小的。因此可以说，冰川一家的成员，几乎是没有小不点儿的。巨人和侏儒，只是相对比较而言的。

你对大的冰川大到什么规模，小的冰川小到什么范围有了一个大概的认识后，一定想进一步知道，冰川一家的成员们，到底居住在哪些地方。现在，让我们按照面积的多少，把地球上冰川分布的情况，像梁山好汉那样排一下座次。

南极洲　13204000 平方千米

格陵兰岛　1800000 平方千米

北极圈诸岛　280720 平方千米

亚　洲　126500 平方千米

北美洲　67660 平方千米

南美洲　25000 平方千米

欧　洲　8655 平方千米

大洋洲　1015 平方千米

非　洲　23 平方千米

我国是多山的国家，有世界上最高的高原——青藏高原，有世界上最高的山脉——喜马拉雅山，有世界上最高的山峰——珠穆朗玛峰。地球上 14 座 8000 米以上的高峰，有 9 座坐落在我国境内及其边界上。雄伟的喜马拉雅山、喀喇昆仑山和阿尔泰山好像威武的边防战士，凛然屹立在西部边陲。巍峨的天山、昆仑山、唐古拉山、冈底斯山、念青唐古拉山、祁连山和横断山，犹如一把把利剑，直插云天。高耸的地势，产生了严寒的高山气候，孕育出了众多的冰川。

我国的冰川，分布在新疆、西藏、甘肃、青海、四川和云南 6 个省区，北起阿尔泰山，南至云南玉龙山，西自帕米尔高原，东到蜀山之王贡嘎山，纵横 2500 千米。我们再来把我国的冰川排一下座次。

昆仑山　11640 平方千米

喜马拉雅山我国境内　11050 平方千米

天山我国境内　9548 平方千米

念青唐古拉山　7530 平方千米

喀喇昆仑山我国境内　3260 平方千米

羌塘高原　3190 平方千米

帕米尔高原我国境内　2260 平方千米

冈底斯山　2190 平方千米

唐古拉山　2080 平方千米

祁连山　2062 平方千米

横断山　1450 平方千米

阿尔泰山我国境内　260 平方千米

我国冰川的面积，除了天山和祁连山，其他山脉由于资料不全，只是初步估算的数字。

居住在我国平原地区的人很难想象冰川是什么样子，但我国西部山区的各族人民对冰川却毫不陌生。

二、雪线

晴朗的夏天，天山和祁连山麓的居民，能清晰地看到一条黑白分明的界线横过山腰。线以上是银光闪烁的冰雪世界。这条界线，称为雪线。

确切地说，雪线指的是某一个海拔高度，在这个高度上，每年降落的雪刚好在当年融化完。所以也可以把雪线叫作零平衡线。

一个地方的雪线位置不是固定不变的。季节变化就能引起雪线的升降，这种临时现象叫作季节雪线。只有夏天雪线位置比较稳定，每年都回复到比较固定的高度。由于这个缘故，测定雪线高度都在夏天最热月进行。

夏天登上冰川，人们很容易发现，冰舌上全是裸露的冰川冰，粒雪盆里才有雪。除了新雪之外，粒雪盆中普遍出现的是颗粒状的粒雪。粒雪区和裸露冰川冰之间的分界线，叫作粒雪线。

就世界范围来说，雪线是由赤道向两极降低的。珠穆朗玛峰北坡雪线高度在6000米左右，而在南北极，雪线就降低在海平面上。

雪线是冰川学上一个重要的标志，它控制着冰川的发育和分布。

只有山体高度超过该地的雪线，每年才会有多余的雪积累起来。年深日久，才能成为永久积雪和冰川发育的地区。

雪线以上的区域，从天空降落的雪和从山坡上滑下的雪，容易在地形低凹的地方聚集起来。由于低凹的地形一般都是状如盆地，所以冰川学上叫作粒雪盆。

粒雪盆是冰川的摇篮。

三、冰川冰的形成

聚积在粒雪盆里的雪，究竟是怎样变成冰川冰的呢？

雪花经过一系列变质作用，逐渐变成颗粒状的粒雪。粒雪之间有很多气道，这些气道彼此相通，因此粒雪层仿佛海绵似的疏松。有些地方的冰川粒雪盆里的粒雪很厚，曾经见到数十米厚的粒雪层。底部的粒雪在上层的重压下发生缓慢的沉降压实和重结晶作用，粒雪相互联结合并，减少空隙。同时表面的融水下渗，部分就冻结起来，使粒雪的气道逐渐封闭，被包围在冰中的空气就此成为气泡。这种冰由于含气泡较多，颜色发白，也有人把它专门叫作粒雪冰。

粒雪冰进一步受压力，排出气泡，就变成浅蓝色的冰川冰。它由粒径不同的冰川冰晶体组成。

冰川冰的形成还有其他途径。我国西部高山上许多冰川地区降雪稀少，粒雪层很薄，常不过数十厘米到数米，夏季的融水能充满粒雪层的孔隙，入冬后冻结成冰。这种冰川冰形成得很快，少则 1 年，多亦不过数年而已。由融水充填而冻结的冰川冰中气泡保留较少，因而容重较高，常在 0.9 克/立方厘米左右。

粒雪盆中的粒雪和冰层大致保持平整，层层叠叠。每一年积累下来的冰层，在冰川学上叫作年层。年层是怎样划分开的呢？原来冬季积雪经夏季消融后，形成一个消融面，消融面上污化物较多，所以也叫作污化面。污化面是划分年层的天然标志。

赤道某些高山冰川每年有 2 个雨季和 2 个干季，污化面就有 2 个，当然这只是一种特殊情况。

巨厚的冰川冰在本身压力和重力联合作用下发生塑性流动，越过粒雪盆出口，蜿蜒而下，形成长短不一的冰舌。长大的冰舌可以延伸到山谷低处以至谷口外。发育成熟的冰川一般都有粒雪盆和冰舌，雪线以上的粒雪盆是冰川的积累区，雪线以下的冰舌是冰川的消融区。二者好像天平的两端，共同控制着冰川的物质平衡，决定着冰川的活动。雪线正好相当于天平的支点。

冰川家庭

冰川就是这样，不断地积累，不断地流动，不断地消融，保持着它的平衡。因此，每一条冰川，都有可能面临 3 种情况。如果冰舌上补充到的冰量，与它消融掉的冰量基本相等，那么冰川的位置不会发生变化，我们说冰川是稳定的。要是冰舌上得到的冰量，多于它消融掉的冰量，那么冰川就会扩大增长，位置下降，我们说冰川是在前进。倘若冰舌上得到的冰量，少于它消融掉的冰量。那么冰舌就会减薄缩短，位置上升，我们说冰川是在退缩。

世界上很难找到绝对稳定的冰川。有一些比较稳定的冰川，不过是相对而言。事实上，每一条冰川都是有变化的，不是在前进，就是在退缩。有人比喻说，冰川是挂在地球胸膛上的温度表，气候变冷了，冰川就前进；气候变暖了，冰川就退缩。

冰川前进，能够摧毁森林、耕地、房屋和村镇，迫使山区的居民，不得不离乡背井，向河谷下游迁移。17 世纪地球上气候一度寒冷，在西藏东南部的一些冰川河谷中，当地人民传说里有关冰川掩埋耕地和村庄的故事，据说只是几代人之前刚发生的不幸事件，记忆犹新。

冰川退缩，虽然不会给人类带来直接的灾难，但是，冰川长期后退，冰川面积缩小，会使河流水量逐渐下降。对于那些主要依靠冰川补给水量的河流来说，并不是很愉快的事。像发源在昆仑山冰川上的尼雅河，2000 年前，冰川融水很是富裕，一直流到现在塔克拉玛干腹地的尼雅城。汉代的尼雅城，是西域三十六国之一的精绝国的首府，十分繁荣昌盛。想不到由于昆仑山上冰川退缩，尼雅河的水流后来再也流不到尼雅城，导致了这座古城现在成为沙漠中的废墟。

就世界范围来说，冰川进退的幅度是非常缓慢的，而且是有周期性的。因此，我们不必杞人忧天，担心冰川前进到村镇里怎么办，也不必担心，冰川退缩完了怎么办。随着气候的波动，冰川往往前进一段时间后，就稳定了，再慢慢退缩。冰川就是这样周而复始地进行着它的生命活动。

也许你想进一步知道，当今世界上，冰川大家庭里的成员们，一共有多少？

这个问题等于在问地球上的鱼一共有多少条一样，很难说清楚。世界上有些事物就是很难说清楚的。天文学家说不清楚宇宙里有多少颗星星，植物学家说不清楚地球上有多少棵植物，水文学家说不清楚陆地上有多少条河流，同样的原因，也就不能要求冰川学家说清楚世界上有多少条冰川。要是有人拍拍胸脯说，我能说清楚，那他一定不是科学家。

当然，说不清楚有多少条冰川，这是可以原谅的。但是，能不能像动物或者植物那样，给冰川大家庭里的成员们，分分类呢？这就义不容辞了。

世界上出现过不少冰川分类的方案，但争议很大，莫衷一是，无法统一。有的人甚至用古老得不能再古老的地域分类方法，像把人类分成亚洲人、欧洲人、非洲人、美洲人那样，把冰川分为喜马拉雅型冰川、阿尔卑斯型冰川、斯堪的纳维亚型冰川、阿拉斯加型冰川……

然而不瞒你说，冰川分类方案中，也找不出比较现代化的方法。在目前，只能走到哪山说哪山话了，被比较多的人能够共同接受的冰川分类方案，是形态分类。

提起冰川的形态，真是体态万千，眼花缭乱。地球上，几乎找不出两条大小相同、形状相同的冰川，要把它们分门别类地归入到某些形态里去，确实还不太容易。

一、冰盖

根据冰川的形态，基本上可以把冰川大家庭里的成员们，划分成两大家族，一族是冰盖，一族是山地冰川。

冰盖家族是冰川大家庭里巨人荟萃的家族。这个家族的成员不多，但每个成员都个大体肥，剽悍强壮，十分引人注目，而且每个成员都有名有姓。

在这个家族分家的时候，地球这位工程师，给它们设计了3种活动的舞台。打个蹩脚的比方，①活动在巨大的万人体育馆似的舞台上的，称为大陆冰盖；②活动在游泳池似的中型舞台上的，称为岛屿冰盖；③登台在剧院里的小舞台上表演的，称为高原冰盖。

世界各大洲上，都曾经有过大陆冰盖登台演出。可惜当时没有观众，因此没有谁能够用文字把它们的精彩表演记录下来。幸亏它们演出的时候，留下了一些脚印，使得我们今天还能知道它们确实存在过。比方说吧，在欧洲，曾有过北欧冰盖；在亚洲，曾经有过西伯利亚冰盖；在北美洲，曾经有过北美冰盖；就是在非洲、南美洲、大洋洲和南极洲，2.8亿年前，曾经有过冈瓦纳冰盖。

当然，这些大冰盖，现在都已成为历史陈迹，从地球上消失了。现在只有在南极洲一处，尚存有南极冰盖还在那里登台演出。这些大冰盖，面积实在太大了，又是居住在大陆上，所以把它们叫作大陆冰盖。

岛屿冰盖是大陆冰盖的缩影，只是居住在岛屿上，面积小一些罢了。

格陵兰冰盖，是世界上最大的岛屿冰盖。其他的岛屿冰盖，面积大多在几千到几万平方千米之间。像加拿大埃尔斯米尔岛上的格里涅尔冰盖、巴芬岛上的巴恩斯冰盖，面积都在 1 万平方千米以上。挪威斯匹次卑尔根群岛上的东冰盖，面积 5570 平方千米。

高原冰盖的根据地在高原上，因此多少受到高原地形的影响。①在高原盆地里由四周山地的冰流汇入盆地而形成的冰盖，叫作盆地型高原冰盖；②在高原顶部比较平坦的平面上形成的冰盖，叫作平面型高原冰盖。目前，高原冰盖在世界上留存的很少，只有挪威和冰岛还有这种冰盖。不过，历史上，高原冰盖曾经出现过不少。我国念青唐古拉山里，在几万年前的冰期里，曾经出现过盆地型高原冰盖。从冰盖遗留下来的脚印判断，它还不小哩，面积超过 6000 平方千米。四川横断山脉里，有一座山岭叫沙鲁里山，在那里曾经出现过一个平面型高原冰盖。

大陆冰盖、岛屿冰盖和高原冰盖，共同组成了冰盖大家族。

二、山地冰川

地球上除了有名有姓的冰盖大家族的成员们，剩下的大大小小的冰川，都属于山地冰川家族的成员。在这个家族里，仅有极个别面积超过 1000 平方千米的巨人，其他的成员，大部分是无名无姓默默无闻的小卒，而且数量多得无法数清它们。除了一些冰川由于各种原因崭露头角外，其他的大部分冰川，被埋没在山地里，很少有人知道它们的尊容。

由于山地地形极为复杂，山地冰川的形状可不像冰盖家族那样单调，它们的面貌丰富多彩。

有的冰川气势磅礴，好像凝固了的大海波涛。有的冰川静卧幽谷，宛如偃睡着的雪白羊群。有的冰川冰塔林立，冰桥流水，仿佛水晶林园。有的冰川龙骨错落，弧拱迭起，犹如琉璃瓦栋。有的冰川高悬山脊，像朵朵白云缭绕在山间。有的冰川蜿蜒谷底，伸入郁郁苍苍的森林之中。有的状如树枝，有的貌似海星，有的像漏斗，有的如盾牌……

要把千姿百态的山地冰川，比较恰如其分地分门别类，似乎还有一定困难。但是，经过学者们200多年的争论，现在人们可以把纷纭繁杂的山地冰川这个家族，大致归纳成5个基本类型：悬冰川、冰斗冰川、山谷冰川、平顶冰川和山麓冰川。

1. 悬冰川

在山坡地形相对低凹的地方，有很多犹如古代武士们角斗时拿着的盾牌似的冰体，悬挂在山坡上，这类冰体形成的冰川，叫作悬冰川。悬冰川也有舌头状的、裙子状的，甚至还有星星状的。这类冰川，是山地冰川中数量最多但个子最小的，所以很不显眼，人们也不重视它。就拿祁连山作为例子吧。说它数量多，祁连山3306条冰川里，有2526条是悬冰川，占冰川总数的76.4%。说它个子小，很少有超过1000方千米的悬冰川，它们实在貌不惊人。

2. 冰斗冰川

山脉高处在接近山顶和分水岭的地方，常常有一些三面环山，好像一张太师椅似的洼地，这种地形一般叫作冰斗。居住在冰斗洼地里，但是还没有形成显著的冰舌流出洼地的冰川，叫作冰斗冰川。冰斗冰川的形状近似于椭圆形，有时也像三角形。这类冰川，数量少于悬冰川，但多于其他类型的冰川。它们的个子，大于悬冰川，而小于其他类型的冰川。它们的面积，一般只停留在几个平方千米的光景上。

3. 山谷冰川

从冰斗洼地里流出又长又壮的冰舌，冰舌一直伸入山谷底部的冰川，叫作山谷冰川。山谷冰川标志着山地冰川家族中长大成材年富力强的阶段，所以冰川学家对它们最感兴趣，是冰川学研究的重点对象。①由1个冰斗流出一条冰舌的山谷冰川，叫作单式山谷冰川。②由2个冰斗流出的冰舌，汇合成一条冰舌的，叫作复式山谷冰川。③由3个以上的冰斗流出的冰舌汇合而成的，形状好像树桠，叫作树枝状山谷冰川。像前面提到过的那些著名的大冰川，都是山谷冰川。海螺沟冰川，是单式山谷冰川。贡巴冰川，是复式山谷冰川。中亚的八大冰川，我国的音苏盖堤冰川，珠峰的绒布冰川，则都是树枝状山谷冰川。

4. 平顶冰川

在一些高山顶上，有时出现比较平坦的山巅，这是远古时代山地原为平原而遗留下来的残迹。当地壳变动之后，这种平顶山巅上升到雪线的高度，冰雪便会在上面积累起来，形成变形虫似的平顶冰川。平顶冰川有些类似冰盖家族中的一些成员，但它个子小，又发育在山地，所以被排除出冰盖家族，只能挂在山地冰川家族的族谱上。它们的数量很少，一般只占冰川总数的1/100。

5. 山麓冰川

山谷冰川进一步扩大，冰舌从山谷里一直流出山口，许多条冰舌在山麓平原地带平铺开来，连成一片裙子状的冰体，这样的冰川，叫作山麓冰川。山麓冰川数量极少，但它们却是山地冰川家族中的巨人。现在世界上最大的山麓冰川，是美国阿拉斯加的马拉斯平冰川，面积达到2682平方千米。我国现在没有山麓冰川。不过，在几十万年前，珠穆朗玛峰北坡，也出现过规模不小的山麓冰川。

悬冰川、冰斗冰川、山谷冰川、平顶冰川和山麓冰川，共同居住在山地里，它们互相为邻，和睦相处，组成了光怪陆离的冰川世界。当然，山地冰川这个大家族中，还有一些过渡型的冰川，也有一些畸形发展的冰川，因为它们的情况毕竟特殊，数量也不多，要把它们单独列出来归入一种类型，条件很不成熟，所以只得割爱了。

地球上这许许多多的冰川，是一项宝贵的淡水资源，人们亲切地把它们比喻为固体水库。

冰川风光

踏上绒布冰川，说起来很轻巧，但要真正领略到冰川风光，必须付出艰苦的劳动。因为在到达冰川之前，首先要翻越一道道高大的冰碛。这一道道冰碛高达几十米，甚至上百米，好像拱卫冰川的城墙，紧紧挟持着冰川，不让人们轻易越过。

世上无难事，只要肯登攀。翻过冰碛之后，你便能看到真正的冰川了。

两极地区是冰雪的世界，冰雪的世界晶莹剔透，千姿百态，动静交融，奇妙无穷。

南极大陆冰盖和北极格陵兰冰盖及许多岛屿上，包含着许多山岳冰川，有的像集水的漏斗，近似椭圆形，称冰斗冰川；有的如一巨大的盾牌挂在悬崖峭壁之上，叫作悬冰川；有的如一条静静流淌的河流，又像一条白色长龙，尾在山上，头在海中，恰似白龙戏水，这种冰川叫山谷冰川；有的冰峰矗立，角峰峥嵘，很像倚天的巨剑，刺破青天；有的峰峦起伏，曲折蜿蜒，犹如汹涌的怒涛，奔腾不息；还有的龙骨交错，槽脊相间，犹如琉璃的屋脊，鳞次栉比。

两极地区是地球上的主要冰川发育区，有许多山谷冰川，长度一般在几十千米，有的达100多千米，这些山谷冰川就像一条条河流，只是河中流淌的不是水，而是冰，冰川缓缓流动，不断地把大陆冰盖的冰输送到沿海冰架。有的山谷冰川坡度很陡，在冰川上游谷地中，常有陡崖，有的高达20~30米，像河流在河谷中遇到陡崖会形成咆哮直下的瀑布一样，冰川也能从几十米高的陡崖上悬挂下来，形成冰瀑布，好像是奔腾而下的瀑布突然之间冻结在那里，久久注视，仿佛还能听见水流奔腾咆哮的怒吼。冰瀑布在阳光的照耀下，晶莹闪亮，成为非常美丽的天幕。

在大陆冰盖边缘，景色更加迷人，那里有美丽漂亮的冰凌，五光十色、奇异多姿的冰溶洞。

夏季时，大陆冰盖边缘气温可升到0℃以上，甚至达到10℃，冰盖前缘陡坎上的冰雪会部分融化，冰融水顺着陡坎下落，到夜间，气温下降，冰融水在下落的过程中又被冻结，于是形成了冰凌。有的冰凌纤细精巧，成排整齐排列，长2~3米，好像精致的“门帘”；有的冰凌一落到地，皱褶成层，参差错落，又如徐徐拉开的帷幕；有的冰凌从陡坎挂下，短而粗壮，形成大垂冰，很像虎口獠牙，令人望而生畏。多姿多彩的冰凌在大陆冰盖边缘拉上层层帷幕，让人更感奇妙与神秘。

一、冰洞

在临上冰川之前，我们不妨先去参观一下被人们誉为“冰下宫殿”的冰洞。

冰洞一般出现在冰川末端的下方，它是冰下河流的出水口。冰川两侧也有可能出现冰洞。

冰 洞

冬天，冰川上万籁无声，一片肃穆的景象。但是一到夏天，只要冰面上有阳光照射，冰雪便会融化。融化的冰水慢慢开辟出叶脉般的小溪，小溪又汇拢成一条条冰面小河。在一些大冰川上，有的冰面河流竟能宽达10米，深达5米。你看，说它是冰面小河，似乎还委屈了它呢。冰面河流遇到冰川裂缝，就潜入冰下，变成冰下河流。冰下河流的融蚀力量很强，它像一把刮刀，给冰川融刮出许多奇异无比的冰川奇观，科学家把这种现象，称为冰川岩溶现象。比方说冰川上出现的冰井、冰漏斗、冰隧道、冰水喷泉等，就是冰川岩溶这位艺术大师的杰作，冰洞呢，更是这位大师出类拔萃的成名作。

由于这个缘故，冰川上消融旺盛季节，冰洞里水流汹涌，很难进去参观。只有在冰川接近断流的时候，才能进去领略冰洞里的迷人景色。

冰洞有大有小，有长有短，有的冰洞口通道仅宽约半米，只能够一个人侧身而入或爬进洞内，进得洞来，便豁然开朗，好像进入了一个装饰豪华典雅的宴会大厅；有的洞口宽三四米，足以让人成群而入；有的冰洞很短，仅数米至十几米，有的冰洞或冰隧道很长，可达1千米。进得洞来，让人感觉到如同置身于神话世界里的水晶宫殿一般。淋溶的洞壁，光滑透亮，仿佛悬挂着大幅的透明帷幔和精美的玻璃雕刻。洞顶倒挂的冰钟乳，有的像一把利剑从天而降；有的像一串串葡萄随风摇曳；有的像一盏盏吊灯晶莹闪亮；有的像一层层沾满露珠的蛛网；有的像一套套轻薄细巧的玻璃器皿。洞底，滴水成冰，形成冰笋，冰笋或尖若匕首，或大如磐石。冰笋与冰钟乳对接后，便形成了宛若支撑水晶宫殿的大理石柱，也像大海龙宫里的定海神针。置身冰洞之内，让人感到时而峰回路转，时而如入刀丛剑林。如有斜阳入洞龛，洞内更是光彩夺目、五彩缤纷；从洞口往里，光线由明变暗，洞壁的颜色也由蓝变黄或变绿，十分好看。极地冰盖边缘这些景色奇异的冰洞，成了极地考察队员们的游览胜地。

冰洞的洞口，很像古城拱门，高大雄伟，幽胜迷离。走进冰洞，给人的第一个感觉，就是好像走进了一座精致玲珑、光怪陆离的水晶宫殿。大概是这种感觉给人留下的印象太深刻的缘故吧，各种美丽的传说就附丽而来了。其中一个传说是，西海龙王生了七个女儿，前面六个女儿，都像龙王一样性格残暴无常，只有最小的七龙女性情温顺，主张正义。因此西海龙王很不喜欢七龙女，后来找了一个借口，把七龙女贬到高山冰川上。七龙女上山后，就在冰川里修筑了水晶宫殿，这就是现在人们见到的冰洞。

说冰洞出自七龙女的杰作，当然仅仅是神话传说而已。因为冰洞本身的美丽，早就超过这个美丽的传说了。

你看，冰洞顶上到处悬挂下来的冰钟乳，有的像冰糖葫芦，有的像琉璃吊灯，有的像倒悬利剑，有的像倒挂金钟。洞底的冰笋和小冰丘，更是琳琅满目，千姿百态，有的像刚破土的春笋，有的像台灯的灯座，有的像虎足，有的像小松树，件件都是用水晶雕成的艺术品。再看这些冰柱，有的有 1 米多粗，细的也有人腰那么粗，它们宛如宫殿和剧院里的雕花柱子，花纹细腻和谐，闪着猫眼石般的光泽。至于冰洞壁上的那些花纹就更神奇了，鱼鳞状的、波涛状的、蜂窝状的、漩涡状的都有，任何能工巧匠见了，恐怕也要兴叹不已。还有洞壁下面的那些横向排列的印痕，真像是古人留下的什么神秘文字。洞里影影绰绰，彩光返照，时而出现涟漪荡漾的脉脉波光，冰川飘忽童话般奇幻

冰钟乳

的五彩金星，使人好像置身在神话里描绘过的“东海龙宫”里。

冰川常处于消融状态中。冰川的消融分为冰下消融、冰内消融和冰面消融3种。

地壳经常不断向冰川底部输送热量，从而引起冰下消融。不过冰下消融对于巨大的冰川体来说，是微不足道的。有人计算过，地壳的热量交换，每年只能融化6.5毫米的冰层。

冰内消融主要是由于冰川裂缝把冰面融水引入冰川内部而产生的。冰内消融的结果，孕育出许多独特的冰川岩溶（喀斯特）现象，如冰漏斗、冰井、冰隧道、冰洞等。

冰川上的融水，在流动过程中，往往形成树枝状的小河网，时而曲折蜿流，时而潜入冰内。在一些融水多面积大的冰川上，冰内河流特别发育。当冰内河流从冰舌末端流出时，往往冲蚀成幽深的冰洞，洞口好像一个或低或高的古城拱门。从冰洞里流出来的水，因为带有悬浮的泥沙，常像乳汁一样浊白，冰川学上叫冰川乳。

当冰川断流的时候，走进冰洞，犹如进入一个水晶宫殿。有些冰川，通过冰洞里的隧道，一直可以走到冰川底部去。冰洞有单式的，有树枝状的，洞内有洞。野博康加勒冰川上发育的一个冰洞，洞口高3.6米，宽2.9米，里面还有一个口径1米多的小冰洞连着。洞中冰笋林立，冰钟乳悬挂，洞壁的花纹十分美丽。

有的冰洞出口高悬在冰崖上，形成十分壮观的冰水瀑布。

在冰洞里流连，真是一种难得的美的享受。

二、冰山

两极地区，空中、地上均有奇观，两极地区的海域同样也不例外，其中最引人注目的便是漂浮在海上的一座座晶莹透亮的白山。说它是山，它确实有小山似的气势和规模，但它又不是由岩石组成的，而且没有“根”。很显然，只有组成它的物质比海水的比重小，它才能漂浮在海面上。这种物质不是别的，便是冰。漂浮在海面上的座座白山，原来是冰山。

漂浮在两极海域上的冰山，数量是十分巨大的，南冰洋上的冰山大约就有22万座，北极海域（主要是北冰洋各边缘海）的冰山也有数万座，总体积达20000立方千米以上。冰山的规模大小相差悬殊，有的冰山长、宽均只有几十米或几百米，厚十几米；但有的冰山长可达30～40千米，最长的冰山可长达180千米，厚度可达100～200米，俨然是一座气势雄伟的小山。冰山的面积有的不足1平方千米，有的几平方千米，有的可达几十到几百平方千米。冰山的高度取决于它的总厚度，它露出水面的高度占总厚度的1/5～1/4，一般为20～50米。

冰山在海上长期漂流的过程中，由于受到海浪冲蚀、海水融蚀、风吹、淋溶等作用，也使冰山的外貌千姿百态，一般可分为平坦型冰山（或称桌状冰山）和破碎型冰川（或称尖头形冰山）两种。桌状冰山顶部较平坦，长度和宽度都较大，一般高出海面十几米到二十几米。其中一种面积很大，可达数百平方千米，表面平坦，呈慢坡状，露出水面10～20米，称冰岛。如1948年苏联飞行员在北纬85°40′、东经140°50′的地方发现了一个长达32千米、宽28千米的大型冰岛。在18～19世纪，探险家们常常因为发现了北冰洋中的陆地或岛屿而兴奋不已。但这些陆地或岛屿常常虚无缥缈，神秘莫测。后来，人们才逐渐搞清，北冰洋中部和北极海域中根本不存在陆地和岛屿，早期的探险家们是把冰山和冰岛错误地当作陆地和岛屿了。

破碎型冰山或称尖头形冰山，嶙峋险峻，姿态多样，有的像城堡，有的像金字塔，有的像各种动物，有的似月洞，有的尖如角锥等等。这种冰山的规模一般比前一种要小，但数量十分巨大。

千姿百态的冰山，漂浮在碧蓝的洋面上，在阳光的照耀下，洁白如玉，十分迷人。

那么，冰山是从哪里来的，又要漂到哪里去呢？

数量庞大的冰山，是从它们的“母体”上分离出来的，它们的“母体”就是大陆冰盖或冰川。如北冰洋中漂浮的冰山，就是由法兰士约瑟夫地群岛、北地群岛、格陵兰岛及加拿大北极群岛上的大陆冰川形成。当冰川前端滑动速度达到20～40米/昼夜时，便开始断裂，并顺着陡岸滑入海中，形成冰山。桌状冰山一般是由大陆冰盖前端断裂而成的，所以表面比较平坦；尖头状冰山一般是山谷冰川直接崩落入海形成，或是桌状冰山破碎后形成。南极大陆冰架前缘可分离出顶面平坦、规模宏大的平坦型冰山，如有的桌状冰山可高出水面45米，长120千米，宽75千米。美国1956年曾观测到长333千米、宽96千米的罕见的大冰山；南冰洋上尖头形冰山的形成过程与北极地区相似。南极威德尔海上还漂浮着一种少见的黑色冰山，这是因为在冰山形成过程中，冰内集聚了大量的岩石、矿物和淤泥，这种黑色冰山别具一格，由于南极大陆绝大部分被冰川覆盖，难以获得岩石、矿物标本，因此，地质学家特别钟爱这种黑色的冰山。

冰山挣脱“母亲”的怀抱，离开它的诞生地之后，便开始顺波逐流，永远沿着海流的方向移动。在北极地区，冰山一部分随海流漂到北冰洋的北极海域，漂流路线曲折复杂，还有一少部分向南漂流到北纬48°，甚至北纬42°的北大西洋洋面。冰山在长期漂流的过程中，由于碰撞磨蚀、海水融蚀及受光溶化，面积不断缩小，以致最后消亡。由于北冰洋地区较南极海域温度为高，所以冰山的寿命较短，一般为2～4年，向南漂移的冰山寿命不到1年。在南极地区，由于冰山规模很大，加上极地海域气温较低，冰山的寿命可长达10～13年，冰山漂移的最北界限达到南纬35°～40°的热带海域。

大量漂浮在洋面上的冰块，往往对航运构成严重威胁，过去在海上航运的舰只，因碰上冰块而船沉人亡的海难事件时有发生。冰山露在海面上的体积小，不易发现，等舰只发现冰山时，冰山虽在数十至数百米之外，但已经避而不及了。因为冰山水下体积庞大，舰只很易被巨大的冰山撞毁而沉没。如1912年4月14日，当时世界上最大的邮船“泰坦尼克”号从英国南安普顿驶往纽约途中，不幸在格陵兰以南2200千米的纽芬兰岛附近海面，与巨大冰山剧烈碰撞后全舟覆没，死亡1517人，成为世界航海史上一次最大的惨剧。即使在最近的1981年，也曾发生过联邦德国的一艘南极运输船被洋面上密集的浮冰围困，之后撞上冰山而沉没的航海事故。不过，现在这种情况已很少再有，因为现在在两极航行的舰只上，都配备了先进的卫星导航和雷达探测仪器，能为航行提供准确的冰情资料。

如前所述，两极海域漂浮的冰山数量很大，总数达22万座，总体积达20000立方千米，而且每年从冰盖边缘和冰架上分离出1200～1500立方千米的新冰山，使冰山总量基本保持平衡。由于极地冰盖、特别是南极冰盖很少受到污染，所以，两极海域漂浮的冰山，是一座座天然优质淡水的储藏库，而地球上许多地区严重缺水，有科学家估计，现在，全世界每年的用水量约为3000立方千米，这样，若仅利用每年新生冰山的10%，就可大大缓解甚至根本消除地球上淡水资源的紧张状况。两极冰盖所储存的淡水量就更加巨大，即使“坐吃山空”，不再增加新的冰层，两极冰盖所储存的淡水也足够全世界使用8000～9000年。

现在，世界上许多国家，特别是靠近南冰洋而又严重干旱的澳大利亚、智利、阿根廷，甚至远离两极但却深受干旱缺水之苦的阿拉伯国家，包括美国等都在研究利用两极冰山的方法和技术。

目前，许多干旱缺水的国家，不但工农业生产用水得不到保证，甚至居民的食用水也非常缺乏，不得不靠淡化海水来补充。但是，海水淡化的成本是非常高的，据澳大利亚科学家估计，每吨淡化海水的成本要19美分，但从南冰洋拖到澳大利亚的冰山，每立方米水的成本仅为0.13美分，两者相差近150倍。即使将南大洋上的冰山运到北半球的沙特阿拉伯，虽然路途遥远，困难重重，但经济上仍比海水淡化法更合算得多。

世界上正有许多国家开始着手制定拖运极冰、取冰化水的宏伟计划。人们利用的目标首先便是两极特别是南极现成的漂浮在海洋上的冰山。但是，要想将南极巨大的冰山按一定的路线“搬家”，绝非轻而易举的事情，还有许多问题需要解决。

千姿百态的冰山是南极这个“世界冰库”的特产。南冰洋上的冰山多半是从陆缘冰边缘部分分裂出来，因而大都呈平台形。有的冰山是冰舌从冰盖上分离出来的。因为在海面呈半悬浮状态的冰舌，经受风暴的袭击和潮汐的冲击，溘然与冰盖决裂，随波逐浪，远漂千里。

冰山的形状除了平台形之外，还有桌状、塔状、梯形、月洞形等。有的像漂泊在海面的一艘艘银白色巨舰，还有一些呈角锥形，像埃及的金字塔一样。真是千奇百怪，争妍斗姿。那些缓缓漂去的冰山，熠熠闪烁着珠光宝气，那些悠悠荡漾的块冰，在阳光照耀下，与碧波粼粼的海水相映，更显得晶莹皎洁，宛如朵朵白云漫游在蔚蓝的太空……

冰山来源于大陆冰盖，冰盖又由雪花形成，因而冰山的晶体是由淡水凝结而成的。淡水冰一般有1/10的体积漂浮在水面，但因为海水含盐度高，浮力大，巨大的冰山露出海面的部分可达1/5～1/4，大部分都仍沉浸在水面下。南冰洋上漂浮的最大平台型冰山的长度曾达到160千米以上；有的桌状冰山水面部分的高度达到450米；有的冰山宽75千米，长120千米。美国1956年曾观测到长333千米，宽96千米的罕见大冰山。角锥形冰山的顶部尖，高度大，横截面小。冰山颜色多呈淡绿色或淡青色，但在日光照射下便呈现一片白色。威德尔海上有一种少见的黑色冰山，体积不大，呈圆锥形。这种冰山在形成过程中凝集了大量的淤泥、石块和矿物，因而成为不透明的黑色晶体，它们在冰山群中别具一格，很为地质学家所钟爱，往往被当作南极地质考察的重要对象。

与各大洋毗连的南冰洋上漂浮的冰山，年平均总面积达6250平方千米。冰山在每年10~12月达到最北位置，5~6月达到最南位置，它们永远顺着海流的方向移动。南冰洋的冰山因为体积庞大，周围海面气温低，因此“寿命”远比北冰洋上的要长，一般可保持10年左右，而北冰洋上的冰山的平均寿命则是2~4年。南极冰山有的可以长期漫游，甚至直到热带海域。在漂游过程中有的孤单伶仃，只身独影；有的成群结队，集体行进。在湛蓝的海面上有时大群冰山浩浩荡荡驶过，景色非常壮观。有的到极地考察的远洋航船在驶入南冰洋之后，往往在一周之内便遇见5000多座冰山，可见冰山数量之多。冰山往往给航船带来巨大的危险，但有时候却是海上风暴的一种理想避风港。

一个山区往往不是一种冰川，而是各种类型的冰川同时存在。有的冰川气势磅礴，好像大海怒涛；有的冰川静卧幽谷，犹如绵羊偃卧；有的冰川冰塔林立，冰湖棋布，彷佛水晶林园；有的冰川龙骨交错，连拱迭起，宛如琉璃瓦栋。真是气象万千，目不暇接。虽然风光旖旎，但是，只有在登攀上不畏险阻的人，才能领略到冰峰雪岭的无限风光。

三、冰面湖泊

没有见过冰川的人，很难想象冰川表面还会出现大大小小的湖泊。其实，在一些较大的冰川上，冰面湖泊是屡见不鲜的，走出冰洞，爬上冰川，冰川上大大小小的湖泊，马上会映入你的眼帘。夏邦马峰北坡的野博康加勒冰川，长13.5千米，就星罗棋布分布着14个冰面湖泊。

冰面湖泊一般出现在冰层相对塌陷的冰川低凹处，湖泊大小形状差异很大。大的冰面湖泊面积有超过 1 平方千米的，小的不过是几百平方米。有的湖泊酷似新月弯绕，有的湖泊形如梭子穿纱。更多的湖泊，则是些不规则的椭圆形。

冰面湖泊的水色，随着湖泊生命活动的变化，因湖而异。正在发展扩大的湖泊，是乳白色的。比较稳定的湖泊，是蔚蓝色的。快要消亡的湖泊，是褐黄色的。

春夏秋冬，冰面湖泊在冰川上不停地打扮着自己，落落大方地供人欣赏。

春天，湖面逐渐解冻，偶尔一只红胸朱雀停在浮动的冰块上，梳理着它胸前美丽的羽毛，把湖水也映红了。

夏天，每当朝霞似锦或者夕阳似血的时候，碧水粼粼的湖面上，披锦戴缎，霞光四溢，绚丽夺目，美不胜收。

秋天，阵阵秋风吹皱了冰花凝聚的湖面，在阳光下闪着钻石般的彩星。

冬天，冰冻的湖面，好像一颗镶嵌在冰川上的明珠。

也许你想进一步知道，冰川上为什么会出现不少湖泊。其实原因并不复杂，还是冰川融水的劳作。冰川上众多的湖泊，大致可以归纳成 3 种成湖的方式：

（1）冰川里的冰内河流，把冰川掏空了，冲蚀成洞穴。如果洞穴的顶部突然塌陷，那么就形成塌陷湖。这种湖泊部比较深，形状呈长条形。

（2）冰川表面有些地方高低不平，冰川融水很容易在低洼处积聚起来。积聚的融水吸收部分太阳的热量，又继续融蚀附近的冰层，逐渐形成湖泊。这种湖泊，湖水一般不深，但面积较大。

（3）以冰杯群为雏形，慢慢形成的。冰川周围的岩坡角峰，经常不断崩落下岩屑石块。如果崩落的岩块较小，颜色较深，那么它们在阳光下很快受热增温，使岩块潜入冰中，形成圆筒状的冰杯。冰杯在夏季都积满了水，如果许多冰杯融合在一起，就有可能逐渐发育成冰面湖泊。

冰川融水，真像是一位孜孜不倦的雕塑家，在冰川上塑造了许多奇异的景致。冰川上还有另一位才华出众的雕塑家，它就是太阳光。

冰川上的冰体，接受太阳光的热量消融的时候，由于各个部分受到的能量不一样，向阳部分的冰面消融得快，背阴的冰面消融得慢，因而引起了冰川的差别消融。就是这种差别消融，在冰川上创造出许多令人留恋的自然景色。

四、冰面现象

你喜欢吃蘑菇吧？冰川上有一种冰面现象叫冰蘑菇，因为它酷似蘑菇而得名，它当然不能食用。冰蘑菇一般都很大，高有 2 ~ 3 米，最高的能够达到 5 米。远远看去，很像城市十字路口交通民警避雨遮阳的大伞。当然冰蘑菇的伞柄是用冰做成的，伞面呢，是一块大石块。我们在前面说过，冰川周围的山坡经常有石块崩落到冰川上，较大的石块有隔热作用，使被它覆盖的冰层很少融化，而石块周围的冰面在阳光照射下，逐渐向下融化了。经过一段时间，少则几月，多则几年，便形成了冰蘑菇。

除了冰蘑菇，冰川差别消融还产生出高耸的冰墙、精巧的冰桥、瑰丽的冰塔、玲珑的冰芽等美景。

特别是冰塔，从它在喀喇昆仑山上首次被人发现后开始，100 多年来，一直为探险家、登山家和科学家所赞叹。只要到冰塔林里流连一番的人，就永远忘不了它那娇异迷人的印象。

的确，各种千奇百怪的冰川风光中，冰塔是最引人入迷的。这种连诗人们都难于幻想到的奇特景物，在世界上并不多见。冰塔只发育在中纬度和低纬度高山上的一些大冰川上。我国喜马拉雅山的冰塔，在各名山大川中，可算首屈一指。而珠峰绒布冰川的冰塔林，无论从规模大小，还是从风韵多姿来说，在喜马拉雅冰川中，又可算鹤立鸡群了。

冰蘑菇

冰面差别消融产生许多壮丽的自然景象，如冰桥、冰芽、冰墙和冰塔等。尤其是冰塔林，吸引了不少人的注意。

珠穆朗玛峰和希夏邦马峰地区的很多大冰川上，发育了世界上罕见的冰塔林。一座又一座数十米高的冰塔，仿佛用汉白玉雕塑出来似的，万笏朝天地耸立在冰川上，千姿万态。有的像西安大小雁塔的塔尖，有的像埃及尼罗河畔的金字塔，有的像偃卧的骆驼，有的又像伸向苍穹的利剑。

让我们先来看看考察过喀喇昆仑山、喜马拉雅山和唐古拉山的中外学者，是如何赞美冰塔的。

1934年，西方探险家在喀喇昆仑山的东昌盛冰川上，看见冰塔后是这样说的："这是我从来没有见到过的最最奇异的冰川……特别是在傍晚时分，冰塔的娇异迷人的景象，是不能用最美的语言来形容的。"

冰 塔

1964年，中国登山队攀登地球上最后一座8000米以上高峰希夏邦马峰时，随同登山队进行科学考察的学者，曾经这样描述过野博康加勒冰川上的冰塔："在一些冰川上，发育着美丽奇异的冰塔。冰塔之间，错落着明镜般的冰湖，贯穿着曲折的冰河和幽胜的冰洞。冰河与冰洞上，有时架着天然的冰桥，桥檐倒挂着珠帘般的冰钟乳……所有这一切，构成了瑰丽罕见的水晶林园。"

1977年，探索长江河源的专家，在唐古拉山各拉丹冬雪山下的姜根迪如南冰川上，也发现了冰塔林，他们是这样赞美冰塔的："一进冰塔林，像进了水晶宫。那冰的世界，有的洁净如洗，透明碧纯，光泽闪熠，彩影变幻；有的像罩了一层面纱，如乳如胶，奇丽神秘，景色万千。"

珠峰北坡的绒布冰川上，冰塔林又如何呢？

在冰舌中部5.5千米的地段上，分布着千姿百态的冰塔林。一座连一座几十米高的冰塔，仿佛是用汉白玉和水晶雕塑出来似的，万笏朝天般耸立在巨蟒似的蜿蜒而下的冰川上。在阳光照耀下，衍射出宝石般的光泽，五光十色，落英缤纷。它们各有千秋的风貌，更是琳琅纷纭，婀娜动人。有的像尼罗河畔的金字塔，有的像嘉峪关上的古城楼，有的像紫金山的天文台，有的像西安郊外的大雁塔，有的像沙漠里偃卧的骆驼，有的像南极兰鲸的尾鳍，有的像昂首觅食的长颈鹿，有的像展翅欲飞的大天鹅……反正你想象什么，就能找到类似形状的冰塔。这些冰塔又座座冰清玉洁，个个晶莹夺目，形象又栩栩如生，憨态可掬，而且冷而不酷，艳而不妖，真是大自然中鬼斧神工的艺术珍品。

冰塔林间的向阳冰面小河里，有一股清澈的水流，如诉如泣，如醉如痴，汩汩向下缓慢流动。它那依依不舍的神态，似乎有意磨磨蹭蹭，在临下冰川之前，饱览一番冰塔林的旖旎风光。

有些人把南美洲安第斯山冰川上的跪雪丘，与冰塔混为一谈。其实，冰塔与跪雪丘，是两码事。

在安第斯山的一些冰川上，冰川源头的粒雪盆里，积雪有时崩裂成很多棱锥状的粒雪体，高度一般在几米左右。从远处看，这些成百上千的粒雪棱锥体，很像一些披着白罩衫跪着祈祷的圣徒，当地居民便把这种屈膝人形象的粒雪体，叫作跪雪丘。跪雪丘是粒雪的一种差别消融形态，寿命不长，一般冬末春初形成，夏天就消失了。

冰塔却是冰川冰经过长期差别消融而创造出来的，从它出生到消亡，要经过几十年的时间，高龄的甚至达到百岁以上。塔体也十分高大，几十米高的冰塔在一些冰川上比比皆是。

那么，冰塔到底是怎样形成的呢?

就像人的一生有幼年、壮年和老年一样，冰塔的一生，大致也可以分成3个阶段。①冰川上游的粒雪盆里，积聚了冰川冰后，会慢慢流出盆口的冰坎。因为冰坎像一道门槛，冰川冰经过它的身上时，有时发生断裂，有时产生褶皱。这就使得冰坎下的冰川表面，常常凹凸不平，皱纹如网。这些不平的冰面，各个部位接受阳光很不均匀，就产生了差别消融，结果冰川上开始发育出皱形冰塔来。皱形冰塔就像人生的幼年，低矮发胖，形态单调。②随着冰川的向下流动，随着时间的不断消逝，阳光这位孜孜不倦的雕刻家，经过日积月累的辛勤劳作，逐渐把皱形冰塔雕刻成体态各异的优美形象来，这就是连座冰塔阶段。这个阶段是冰塔的壮年期，它婀娜多姿，最引人注目。③壮年期过后，冰塔便慢慢随着冰川移到冰舌中部，这里海拔高度降低，消融强烈，差别消融的差异也逐渐缩小，冰塔脱离各自的塔基，成为一个个零散的孤立的冰塔，好像孤老头一样。到了这个阶段，冰塔的棱角逐渐磨损，高度大大降低，还不时出现分裂崩塌，最后，消失在冰川上。

“质本洁来还洁去”，冰塔出自冰川，还自冰川，它不过是冰川身上开出的一朵奇葩。当然这朵奇葩，与植物不一样，不会春开夏萎秋凋零。它倒像走马灯，一边产生，一边成长，一边衰亡，同时又有新的个体重新产生着、成长着，持续不断，永葆青春。

由于这个缘故，只要冰川存在，冰塔的瑰丽景色永远长存。

五、海市蜃楼

在沙漠地区旅行，时常能够领略到“海市蜃楼”的意境。在沙漠地区长途跋涉，苦旱枯燥，干渴难耐，在精疲力尽之时，突然发现前边不远处出现一片清晰的绿洲，村庄隐约可见，一汪清清的湖水……这是多么令人鼓舞啊！可当你向它奔去时，它却始终与你保持一定的距离，隐隐约约，忽隐忽现。其实我们永远也不可能达到它，因为它是一种光线折射产生的幻象，是可望而不可即的。

位于我国山东省境内，临海而立的蓬莱阁，就因可观海上仙境而闻名。正如我国唐代大诗人白居易所形容的那样：“忽闻海上有仙山，山在虚无缥缈间，楼阁玲珑五云起，其中绰约多仙子。”蓬莱仙境中的琼楼玉宇，绰约仙子，时隐时现，变幻莫测是那样漂亮，又是那样神秘。

出现在两极冰雪世界的海市蜃楼，更加变幻无穷。两极地区近海面空气层温度很低，当上层有巨大的暖空气层侵入覆盖时，两层空气因密度等性质不同，因而折射和反射光线的性质也不同，由此起到一种透镜的作用，使光线聚集，好像望远镜一样把很远很远的景物拉到人的视野之内，常常是无中生有，而且十分逼真，让人感觉到似乎进入了人间仙境，只要你轻声呼唤，绰约仙子便可款款而出。这种“蓬莱仙境”有时能显现良久，有时还出现两个没有关联的映像，甚至倒像。但当你逐渐靠近它时，它会不断地发生变化，以致最后悄然消失。

极地另一种仙境便是“幻日”。在极地的天空中，存在着大量的微小冰晶体，通过折射、反射太阳光，也会形成变幻无穷的美妙景色。例如，当太阳光线透射于大气中密密麻麻的冰晶体时，因折射而形成光环，围绕太阳而成为日晕，在日晕两侧的对称点上，冰晶体好像是无数面小镜子，纷纷反射阳光，于是显得特别明亮，形成辉光点，犹如日光，被人们称之为“幻日”。

冰天雪地里的“蓬莱仙境”、“海市蜃楼”，使血地的景色更加迷人，更加壮观，也为极地倍增了神秘的色彩。

但是，极地大气层和冰面的强烈反射现象，也常常给极地探险、考察的人员带来危险。例如，极地冰雪反射出来的雪光十分厉害，使人的视网膜受到强烈刺激，甚至使人暂时失明，成为雪盲。而且这种雪盲症常常发生在阴天，因为人们忽视了阴天极地冰雪反射的雪光仍然十分强烈，经常不戴墨镜，所以，很容易被雪光刺伤眼睛。又如，极地常常出现的一种奇怪的自然现象“乳白天空”，也与极地冰雪面的强烈的反射有关。当阳光照射到冰面时，冰面阳光强烈地反射到低层云间，而由无数冰晶体或霰粒构成的低层云又把阳光反射到冰面上，如此来回反射便形成了一种令人眼花缭乱、头晕目眩的乳白色光线，甚至天上地下、乳白浑然一体，产生“乳白天空”。“乳白天空”对极地探险、考察的人员来说，是非常危险的，它轻则能混淆人的视线使人们对前面的景物产生错觉，重则使人失去知觉，甚至因此而丧命。极地探险考察人员遇到这种可怕的“乳白天空”而且危险的例子是屡见不鲜的，如开车翻车、滑雪者摔跤等，更为危险的是航空驾驶员、飞行员会因为这种“乳白天空”而失去知觉，致使飞机失去控制，最后机毁人亡。可见，极地上空，既有“蓬莱仙境”，也有“无形杀手”，必须时刻提高警惕，注意防备。

冰川运动

南极冰川的主要运动方式分为挤压流和阻塞挤压流 2 种。挤压流使冰川底部的冰层受到最大压力，向外作水平移动，有时甚至可以翻越低于冰川位置的源头或山丘。有时，与冰流方向相反的逆向山坡，对上述挤压流发生阻塞作用，于是产生了阻塞挤压流。冰川运动一般说来都非常缓慢，每天平均几厘米或多到几米，必须经过一个历史时期才能发现较大的变动。但有时在特殊条件下，也会产生突发性推进，甚至达到每天60米的惊人速度。

根据地质史上记载，在19世纪初期，竞相攀登阿尔卑斯山峰已风靡一时，当时有几名登山者遭到意外，被雪崩葬身于冰川的粒雪盆中。过了将近半个世纪，曾与死者同行的幸存考居然在距离原罹难处遥远的冰舌地带发现并辨认出这些同伴的尸体，这一奇迹同时就说明了冰川确实是运动着的。

南极大陆巨大的冰川在本身的重力和压力的联合作用下，加上外界狂暴有力的极风的推动和冰融水的润滑，夜以继日地发生流动。尽管一朝一夕不容易察觉它的变迁，然而在历史的长河中，它却是一股改变地球面貌的巨大力量。大陆冰川在运动中往往形成许多分离冰川，并挟带走大批的冰碛石。冰碛石由碎石岩块同冰融水混杂在一起，厚达12～13米，流动时像锉刀一样刻蚀着沿途的地面，挖成许多盆地和沟槽。冰川表面的积雪由于严寒的气候冻得十分结实，但并不光滑。许多地方被风吹成几十厘米到1米左右的冰雪脊梁，参差毛糙，高低不平，很不规则，往往是探险者、狗队和雪橇的陷阱。冰川在滨海地带形成广阔无垠的起伏台地，在大陆边缘或者形成冰岸；或者伸入沿海成为冰舌和冰障；或者垂直断裂，倾泻入海，成为一座座漂浮的冰山。

一、冰川是运动的冰体

我们给冰川作个完善一些的定义，那就是能够运动的、分布在陆地上的，并且能长期存在的冰体，叫作冰川。

凡是冰川，都是能够运动的。

1827年，有个地质工作者在阿尔卑斯山的老鹰冰川上修筑了一座石砌小屋。13年后，发现这座小屋向下游移动了1428米。小屋本身是不会移动的，原来是小屋的地基——冰川向下运动，把小屋捎带着一起移动了。

冰川运动有些和水流相似，中间快，两边慢。要是横过冰川插上一排花杆，不需太长时间就可发现，中间的花杆远远地跑到前面去了，原来呈直线的花杆连线变成向下游凸出的弧线。许多海洋性冰川上出现的形象十分奇特的弧形连拱，就是冰川运动过程中，中间和两边速度不一而产生的。

说起来会使人奇怪，冰川还会像水流似的，出现漩涡。有些冰川上的漩涡十分壮观。

但是冰川毕竟是冰组成的，冰和水，固体和液体，是有很大差别的。最明显的一点，冰川表面常有许多裂隙，有些裂隙有几十米深。

裂隙的存在，说明冰川有脆性。不过，经过数百年的调查观测，冰川上的裂隙极少超过60米深。多数裂隙远远小于这个深度就闭合了。这又说明冰川下部是塑性的，它可以“柔软”得适应各种外力作用而不致发生破裂。

因此，可以把冰川分为2层，表面容易断裂的这层叫作脆性带，而下部“柔软”的那层叫作塑性带。塑性带的存在是冰川流动的根本原因。

那么，为什么一条冰川上，同样的冰，却有脆性与塑性之分呢？要回答这个问题，我们得从物体变形这个物理概念说起。

二、冰体变形

物体在受力情况下，为了适应或消除外力，可作3种变形，即弹性变形、塑性变形和脆性变形（或称破裂）。一般物体在受力时都有这三个变形阶段。例如一根弹簧，一般情况下，作弹性变形；当受力超过弹性强度时，作塑性变形，弹簧回不到原来的位置；当受力特大超过破裂强度时，弹簧拉断，作脆性变形。但是，这三个阶段究竟有主有从，三个阶段并不同样平分秋色。到底以何种变形为主，要取决于材料本身的性质、应力与晶格的方位关系、应力的大小和加荷的速度等。

就冰来说，由于它容易实现晶体的内部滑动，是有利于表现出塑性变形的。但是，当外力突然增高时，很容易超过冰的破裂强度，发生脆性变形（断裂）。只有在缓慢加荷并长期受力时，冰才能充分显现出塑性变形的特色。

我们知道，物体在长期受力时，哪怕这种力较小，也会产生塑性变形，这种现象叫作物体的松弛。任何物体都有它自己的松弛期，就是说，受力超过一定时间，物体即发生塑性变形（松弛）。

实验证明，冰的松弛期在普通条件下是 8 ~90 分钟。加荷时间在 8 ~90 分钟内，冰或作弹性变形或作脆性变形。如果加荷时间超过 8 ~90 分钟，冰将表现出明显的塑性变形。

很早以前有人做过这样一个实验，把一块长条形的冰，架在二个支点上，经过若干时间，冰就自行弯曲，发生塑性变形。这是因为冰本身的重量使冰条松弛弯曲了。冰的塑性变形程度和温度有很大关系。温度在 -12.0℃ ~ -3.5℃，冰条一昼夜下垂弯曲 2 毫米；温度在 -1.0℃ ~0℃时，冰条一昼夜可下垂 9 毫米。

在冰川下部，由于上部冰层的压力和上游冰层的推力，老是处于受力状态，使下部冰层的塑性表现得比较充分。同时，下部冰层的融点由于受压比上部冰层稍低，使下部冰层更接近于融点，因而塑性变形更易实现。这样，冰川下部出现塑性带就不难理解了。而冰川表层，缺乏长期受力这个重要条件，当外力突然增加时，往往作弹性或脆性变形，成为脆性带。

三、冰川运动方式

有人把冰川流动方式分为 4 种，即重力流、挤压流、阻塞重力流和阻塞挤压流。重力流和阻塞重力流是山岳冰川的主要运动方式，挤压流和阻塞挤压流是大陆冰盖的主要运动方式。

在一个畅通的山谷中，冰川流动时最大流速出现在冰川表面，愈近谷底速度降低，这种运动方式叫作重力流。如果冰川运动过程中，在前方遇到突起的基岩或运动变缓的冰块的阻塞，就在那里形成前挤后压的剪应力系统，冰层沿最大剪应力面破裂并形成蓝带，这种流动方式叫作阻塞重力流。在发生阻塞重力流的地方，冰中常有许多逆断层，还有复杂的褶皱出现。

挤压流是大陆冰盖的特色，但也可以发生在部分山岳冰川的粒雪盆中。与重力流相反，大陆冰盖底部的冰层受的压力最大，因而向外方作水平移动，愈近底部流速愈大。挤压流可以翻越低于冰川源头的陡坡或小山。经过大陆冰盖作用过的地区，有时能在孤立的山头上发现其他地方来的巨大漂砾，这是挤压流携带漂砾爬坡上山的有力证据。与冰流方向相反的逆向山坡，对挤压流产生阻塞效应，发生阻塞挤压流，这里的冰川构造很相似于阻塞重力流处的冰川构造。

冰川除了塑性流动外，还能在冰川内部发生片状滑动，以及通过陡坡作块体运动（如冰崩和冰瀑布）。特别在切割强烈的山区，冰的块体运动十分发育，当冰川通过悬崖时，甚至会出现“中断”现象，经常的冰崩使悬崖之下重新形成一条冰川，这种冰川称为“再生冰川”。

四、冰川运动速度

冰川运动的速度，日平均不过几厘米，多的也不过数米，以致肉眼发觉不出冰川是在运动的。格陵兰的一些冰川，运动速度居世界之首，但每年也不过运动千余米而已。其他地区的冰川，像比较著名的某些阿尔卑斯山的冰川，年流速不过 80 ~ 150 米。

我国冰川大多数是大陆性冰川，冰川积累不丰富，冰川上物质循环较为缓慢，因而影响到冰川运动速度比较低。天山、祁连山的冰川长度在 10 千米以内的，年流速均不超过 30 米。珠穆朗玛峰北坡的绒布冰川，是一条长 22 千米的大型树枝状山谷冰川，1966 ~ 1968 年间在冰舌中段海拔 5520 米处测到最大年流速为 117 米，但在冰舌下段海拔 5320 米处，平均流速就降为 27 米。西藏察隅的阿扎冰川（海洋性冰川），是我国已知运动速度最快的冰川。1973 年夏天观测，16 天中移动最快的地方达到 22. 83 米，推测年流速当在 300 ~ 400 米。

冰川运动速度是有季节变化的，夏快冬慢。天山和祁连山的冰川，夏季运动速度一般要比冬季快 50%（均指冰舌而言）。造成这种差别的原因之一是冰川温度的变化。当冰川增温时，冰的黏度迅速减小，从 -20℃ 增高到 -1℃，冰的黏度随温度作近直线的下降。黏度减小使塑性增加，因而冰川运动速度加快。夏天冰融水出现在冰川内部及底部是促进冰川快速运动的另一个原因。冰川不同部位的流速也不相同。

五、冰川的波动

冰川运动速度总的来说十分缓慢。但是，有些冰川的脾气却很古怪，它们会在长期缓慢运动或退缩之后，突然爆发式向前推进。

1937年，阿拉斯加有一条名叫黑激流的冰川曾在世界新闻上引起注意，报纸上连日刊载它向前推进的消息。原来黑激流冰川位于一条重要公路的上方，冰川出现爆发式前进有破坏公路的可能。当时住在公路边的一家人，入冬后几个星期，常常听到冰川方向有隆隆响声传来，好像坦克履冰的声音。10月3日，他们从望远镜中突然发现，数千米外的黑激流冰川，冰舌前端乱七八糟地堆着一垛碎冰块，被冰舌推送着向前轧轧移动。以后，冰川移动越来越快，冰川撞击谷床伴随着冰裂的声音，把住房的玻璃震得发响，大地也在微微颤动。移动最快时每天推进60米，创造了当时所知的冰川前进的世界纪录。从1936年9月到1937年2月，黑激流冰川前进了6500米，最后在离公路800米的地方停下来，总算没有造成灾祸。

黑激流冰川自然不是冰川爆发式前进的唯一例子，现在已知，世界上起码有200多条冰川发生过这种情况。喀喇昆仑山的一次冰川爆发式前进更加惊人。

1953年3月21日，喀喇昆仑山南坡的斯塔克河河源，有一条叫库西亚的冰川，突然爆发式前进，形成一条1000米多宽的庞大冰流，摧毁了沿途苍翠的森林，景色如画的村庄和大片耕地。到6月11日止，不到3个月时间，库西亚冰川前进了12千米，平均每天113米，每小时4.7米。前进的冰川把斯塔克河暂时阻塞起来，使河水猛涨。

当时意大利有个考察队在喀喇昆仑山活动，巴基斯坦政府叫他们前去调查。据作过现场考察的意大利人狄西俄的意见，喀喇昆仑山的冰川总的趋势是在后退和减薄，在后退过程中，支冰川失去了主冰川的依托而悬空起来，变得较不稳定，大概由于地震的诱发，粒雪盆中冰雪发生崩塌，因而终于在不到3个月内使冰川爆发前进12千米。

最近许多冰川学者对冰川的上述爆发式推进在做了研究，特别在北美阿拉斯加利用重复航空摄影的方法，发现了更多爆发式推进的冰川。爆发式推进在这类冰川上是周期性发生的，是冰川运动的一种特殊方式。人们把这种现象叫作冰川的“波动”，具有波动性质的冰川叫作“波动冰川”。

某些冰川为什么会发生波动呢？

有一种说法认为，当冰川上游某一部分（可在粒雪盆，也可在冰舌上段）冰的积累量增大到一定程度，超过冰的强度极限，下游的冰就会发生断裂，冰川运动由一般的塑性流动突然转变为快速的块状滑动，以求在短期内解除长期积累的应力。这样就导致冰舌的爆发式推进。当冰内应力消减到冰的强度极限之下时，“波动”停止，冰川恢复常态。

有的人认为，冰川的底部可能在某一部分周期性地聚积起相当数量的冰融水，融水作为一种润滑剂，会使冰川沿着较陡的谷床突然滑动。这样也会造成“波动”现象。

现在还不能肯定这种或那种解释更为合理，但冰川“波动”现象的存在，使我们有可能去研究它的规律，以避免它的危害。

冰川“波动”常引起特大洪水。在印度河上游就有一条冰川，周期性地进入主谷，当它拦截河流时，形成大湖，以后湖水溃决，又形成大洪水，造成灾害。新疆叶尔羌河周期性的发生特大洪水，也可能与冰川“波动”冰湖溃决有关。

冰川分类

分类概述

世界上的冰川分为2类，一类是大陆冰川，一类是山岳冰川。

一、大陆冰川

大陆冰川指分布在极地和极地附近的冰川。主要分布在格陵兰岛和南极大陆上。这两个地方冰川的面积占全球冰川总面积的97%，是冰川的最主要部分。大陆冰川不但面积大，而且冰层很厚，好像在地面上盖了一层厚厚的被子一样，因此也有人把大陆冰川称为“冰被”。南极大陆的表面就覆盖着平均2000米厚的冰川，这里最厚的冰层达到4270米，使这里成为一个名副其实的“冰雪大陆”。格陵兰岛的90%的面积也被冰川覆盖，在这里难以见到地表的岩石，在阳光的照射下，冰川白得使人耀眼。大陆冰川的表面，中间高四周低，呈盾形分布，由于它实在太厚，所以在流动时不受地形的影响。当大陆冰川缓缓流动而伸入海洋时，往往就断裂成为漂浮在海面上的一座座冰山了。

世界的第一大岛——格陵兰岛，整个岛屿几乎都被冰川所覆盖。有人在这里的深井中开采出大冰块，并用飞机运到美国市场出售。由于这些冰块已有数百万年的历史，所以人们称它为“万年冰”。大家相信这些原始时代的冰块不会含有任何有害物质，可以放心地饮用，所以都竞相高价购买。

大陆冰盖主要分布在南极和格陵兰岛。山岳冰川则分布在中纬低纬的一些高山上。

全世界冰川面积共有1500多万平方千米，其中南极和格陵兰的大陆冰盖就占去1465万平方千米。因此，山岳冰川与大陆冰盖相比，规模极为悬殊。

巨大的大陆冰盖上，漫无边际的冰流把高山深谷都掩盖起来，只有极少数高峰在冰面上冒了一个尖，这样的山尖叫作冰原石山。

辽阔的南极冰盖，过去一直是个谜，深厚的冰层掩盖了南极大陆的真面目。最近，用地球物理勘探方法查明，南极大陆靠近中心的地方，有一条高达两三千米的长大山脉，完全被埋在冰盖之下不见天日。而在另一个地方，发现冰面虽高于海面1600米，但冰盖底部的岩床，却低于海面1600米，原来这儿是条深深的海渊。总的来说，南极洲是由2个单元组成的，以180°经线为界，东部是真正的大陆，西部实际上是一连串岛屿，罗斯海与威德尔海之间是一条宽广的海峡。

二、山岳冰川

我国的冰川，都属于山岳冰川。就是在第四纪冰川最盛的冰河时代，尽管冰川规模大大扩展，但仍然没有发展成大陆冰盖。过去有人认为，西藏高原第四纪冰期中曾有过大陆冰盖。建国后，经我国冰川工作者的调查研究，这个论点未得证实。

山岳冰川的形态受到山地地形条件的限制，因而各种类型的山地，孕育出许多类别的山岳冰川。我国的山岳冰川，大致有以下这些类型。

1. 悬冰川

在峰峦重叠、角峰峥嵘的高山区，经常看见宛如盾牌似的冰体，悬挂在陡坡上，这类冰体叫作悬冰川。

悬冰川往往成群地分布在山坡的一定高度上，或者像马蹄状似地分布在大山谷顶部冰斗的各

悬冰川

个坡上。因为它们依贴在陡坡上，因而时常因下端崩落而发生冰崩。

这是山岳冰川中规模最小的一种冰川，面积很少超过1平方千米的，厚度一般亦较薄，大多在一二十米。不过这种悬冰川，在一个山区，往往是数量最多的。

2. 冰斗冰川

这是一种中等规模的冰川，分布在山地中的盆地里，即所谓冰斗中。

任何河谷的上源，在接近山顶和分水岭的地方，总是形成一个集水漏斗的地形。当气候变冷开始发育冰川的时候，这种靠近山顶的集水漏斗，首先为冰雪所占据。冰雪在集水漏斗中积累到一定程度，发生流动而成冰川。冰川对谷底及其边缘有巨大的刨蚀作用，它像木匠的刨子和锉刀那样不断地工作，原来的集水漏斗逐渐被刨蚀成三面环山、宛如一张藤椅似的盆地形状。这种地形叫作冰斗。冰斗大多发育在雪线附近的高程上。当冰斗中的冰川尚未形成显著的冰舌时，这种冰川叫作冰斗冰川。

冰斗冰川的轮廓近似于卵圆形，有时也成三角形。表面常呈凹形，向冰川出口处缓缓倾斜，而向冰斗上缘和侧缘猛然升起。

冰斗冰川可以分为2种：①谷坡冰斗冰川，分布在谷地两侧的山坡盆地中。攀登珠穆朗玛峰的探险家或科学家，都对西绒布冰川南侧山坡盆地上的一个典型的谷坡冰斗冰川印象很深，它与主冰川（绒布冰川）互相衬托，显得格外秀丽。②谷源冰斗冰川，位置在主谷的源头，多在高峰脚下。往往一个主峰，被3个以上的谷源冰斗冰川包围着，平面图上作花瓣状。

3. 山谷冰川

比冰斗冰川规模更大，有长大的冰舌伸入山谷底部的，就是山谷冰川。

山谷冰川标志着山岳冰川的成熟阶段，它拥有山岳冰川的全部特征和功能，对周围环境起着巨大的影响。冰川工作者研究的重点对象就是山谷冰川。

山谷冰川大致可分为单式山谷冰川、复式山谷冰川、树枝状山谷冰川和网状山谷冰川4种。

（1）祁连山的“七一”冰川是单式山谷冰川的代表。它有一个粒雪盆连着一条长大的冰舌。这类冰川在山谷冰川中为数最多。

（2）由 2 条单式山谷冰川汇合而成的叫作复式山谷冰川。祁连山老虎沟 12 号冰川（原老虎沟 20 号冰川）是复式山谷冰川的典型。

（3）由 3 条以上单式山谷冰川汇合而成，形状极像树枝枝杈，叫作树枝状山谷冰川。珠穆朗玛峰北坡的绒布冰川是树枝状山谷冰川的实例。这类冰川往往规模极大，常在十几千米以至几十千米以上。

（4）网状山谷冰川在我国还没有发现，但在喀喇昆仑山南坡和极地附近的斯匹次卑尔根群岛及新地岛都有分布。

山谷冰川中有一种特殊类型被称做土耳其斯坦型的，在天山西部很发育。汗腾格里峰附近的大冰川，几乎全是这种山谷冰川。这种冰川所在地地形崎岖，起伏极大，两侧山坡上经常发生雪崩和冰崩，成为冰川丰富的补给来源。相对地粒雪盆则比较狭窄，因而对冰川的补给较少。雪崩冰崩带来的大量碎石使冰川的冰碛含量大增，因而冰舌严重污化。在冰舌下段常有数厘米至数米厚的表碛覆盖。由于冰碛太厚，冰舌被埋藏，有时人行其上，还不知道已经爬上冰川。这种冰川的冰裂缝常互相串通，盛行冰内和冰下消融，在冰舌末端常有很大的洞穴，吐出汹涌咆哮的激流。冰川表面还常出现巨大的冰井。

4. 平顶冰川

在某些高山顶上，有时出现十分平坦的地面，这是远古时期山地夷平面的残迹。当这种平顶山隆升到雪线以上之后，冰雪就在上面堆积起来，发育成为平顶冰川。

平顶冰川

平顶冰川状如薄饼，在它边缘往往分出短桨状的小冰舌。如果有较多的冰舌向四方漫流，平面上看来，就很像一只变形虫。

平顶冰川的特点是完全没有表碛，也没有出露到冰面之上的角峰山崖。这类冰川上层是粒雪，下层是冰川冰，一般厚度不大，数量也极少。天山、祁连山和喜马拉雅山都能见到这类冰川。青藏高原唐古拉山脉西端的普拉岗日平顶冰川，面积 55.55 平方千米，是目前我国已知最大的平顶冰川。

南极冰盖

一、第一冰盖

南极洲有“世界冰库”之称。整个大陆几乎全部被冰川覆盖，只有 7% 的土地在暖季冰雪消融时露裸于外，是南极大陆难得的有动植物生存的地方，被称为广浩冰原中的“绿洲”。全洲冰层厚度平均在 1720 米。

南极区域全部在雪线以内。所谓“雪线”就是多年积雪，积雪区以下的界限。这个地带年降雪量与融雪量相平衡。雪线的高度受气候和地形等因素的影响。一般随纬度的增高而降低，低纬度附近山地可升至 6000 米以上，在极地则降至海平面。南极地区从高空纷降的雪片和由山坡滑下的雪流在坳地积聚形成粒雪盆，粒雪盆中的雪花经过质变成为颗粒状粒雪。由于极地气候酷寒，大陆中部年平均气温经常保持在 -56℃左右，积雪不但不融化，而且越积越多，渐渐沉降压实，相互联结，产生重结晶作用，成为气泡冰。气泡冰经受重压，排出气泡，空隙为融水渗透，进一步凝结成坚固的结晶体。大量的结晶体形成浅蓝色的冰川冰，通过天长地久，日积月累，层层叠叠，形成年层，千百万年之后就成为今天南极大陆的冰川。

冰川分为大陆冰盖和山岳冰川 2 类。南极冰川属于大陆球盖。全世界冰川面积共有 1500 多万平方千米，南极和格陵兰的大陆冰盖就占了 1472 多万平方千米。其中南极是世界第一大冰盖，面积约 1330 万平方千米；格陵兰岛全部面积才 200 多万平方千米，冰盖的面积却有 172 万平方千米，它是世界第二大冰盖。地球上有无数水乡泽国和大河大江，还有许多湖泊和暗流，但它们仅占全球陆地淡水总量的 15% 左右，各地冰川所积聚的淡水则占了 85% 左右。有人设想，如果南极洲的冰盖由于大自然的变迁一旦全部融化，那么地球上各大洋的海平面将会因此而同时猛升 57 米。连站在纽约港内高矗凌霄的美国自由女神的铜像也如同靠捞海底珍珠贝为生的日本海女一样不得不潜水游泳。那时，许多地方将会海水倒灌，江河横溢，烟波浩渺，人同鱼鳖，连地球的陆地面积也将会因此而缩小2000万平方千米。

实际上，担心冰川的融化会造成海水泛滥，淹没大陆，这种灾变论完全是杞人忧天。因为，在历史长河里，大自然沧海桑田，冰期交替，洋面升降，陆地沉浮等现象本来是一直进行着的。20世纪初，全球气候逐渐变得暖和，冰川的融化引起了海面上升，头50年内，海面确实上升了6厘米左右。但是，这种由半个世纪积累的“水动型”海面变化（由冰川进退引起的海面变化，在地质学上叫作“水动型”的海面变化），除了精密的科学测定之外，人们是难以直接觉察的。即使是南极冰川经历的从第三纪到第四纪冰期（地质史上的三大冰期是指震旦纪、石炭—二叠纪和第四纪，当时温度都下降到0℃以下）和间冰期（我们目前仍处于第四纪大冰期中，不过是属于大冰期中的一个比较温暖的阶段，叫作间冰期）的为期数千万年的剧烈更替，其冰水转化的幅度也没有超过1/10。可见南极的冰盖极为稳定，从它形成之后还没有发生过全局性的变迁。

南极大陆的冰盖最厚的地方达到4200米。这样的厚度接近于世界最高的珠穆朗玛峰高度的1/2，它对下伏每立方厘米地面产生平均378千克的垂直压力。如此强大的压力既造成地壳下沉，又对冰川运动产生动压力。

前面已经谈到，南极大陆3个部分地形——东南极洲的古老地盾、中间过渡地带罗斯—威德尔地堑和西南极洲及其周围的岛弧区——岩层的主要成分是花岗岩、火成岩、水成岩、皮根砂岩和玄武岩等，这些地表层的岩石通称铝岩石圈，质地比较疏松。再下层才是致密的硅镁圈，但它在高温高压下经常处于可塑黏性状态，也称软流圈。地表层的岩石在上层冰盖的巨大压力下形成下沉，这就是南极周围的大陆架海水深度比世界上所有大陆架都要深的原因。马里伯德地的大部分陆地，也因为同样的原因而被深深地压到海平面之下。

南极地区陆缘冰的总面积在暖季达93万平方千米。其中世界著名的从罗斯海沿岸伸向海上的冰原，面积达45万~50万平方千米，比2个英国的面积还要大，是当今世界上最大的浮动冰块。威德尔海的陆缘冰也有巨大的规模。罗斯陆缘冰具备正常冰川补给、移动和消耗的3个特点，使它积累和融化基本保持平衡，因此得以长期存在。

科学家们纵览各种考察资料并经过综合分析以后认为，在冰川的发展过程中，要求每年获得的雪量能补偿因蒸发、消融和被风吹失的雪量，即得到所谓的“压正常冰川补给”，才能保持其原有的规模。目前世界上大部分冰川却因为融多于积而趋向退缩。挪威北部的林格恩峡湾地带的冰川，20世纪初还伸入海中成为陆缘冰和冰障、冰舌。但现在这些庞然大物竟已荡然无存，它们就是因为缺乏“正常补给”而入不敷出，只好渐渐退缩到隐谷幽峡之中去了。与此相反，在南极，融化和蒸发现象极为微弱，虽然狂风在俄顷之间便可将冰盖上某处的积雪一扫而光，但因为冰原辽阔，加上阵风此伏彼起，雪飘无定，所以好像孙悟空翻筋斗，左翻右翻还是翻不出如来佛的大手掌。尤其是极地气温寒暖季相差无几，常年的酷寒，使冰雪几乎只积不融，这为冰川加固、增高和扩展提供了有利的条件。为此，南极的冰层，尤其是大陆中部高纬度地带的冰盖不仅没有消蚀退缩，反而正在与日俱增。尽管冰盖入海前缘像下锅的汤圆一样，络绎不绝地向大海输送一座座冰山，但在沿海地带的陆缘冰、冰障和冰舌，也因为有大陆冰盖作为强大后盾，源源不断地提供了“正常冰川补给”，始终保持着庞然的规模。

在南极，大量的冰流从极地高处向海洋运动，在临海前缘形成悬崖峭壁，这种“冰的长城”称为“冰障”。在罗斯冰原临海的前缘形成壁立的罗斯冰障长达900千米，平均高出海面50米，是南极最大的一座冰障。此外，围绕南极大陆四周像这样的冰障还有10多座，它们像巍然屹立的天然屏风，护卫着南极的大门，但也阻挡着来自南冰洋湿暖气流进入极地，以致影响到南极的降水量。冰障是巨大的冰块，边缘和内部都布满纵横交错的裂缝，看来是在冰川运动中由许多冰块挤压、冻结而成的。冰障的形成有不同的方式和不同的条件。大体上是由濒海浅滩上比较固定的冰山群集结起来；或是由从大陆山谷上滑溜下来的冰舌合并的结果，或是由陆缘冰断裂而成。它们的共同之处都是由粒雪层在坚实基础上沉积而成的。根据专家测定，南极冰障在不断地向北移动。罗斯冰障的前端一般每昼夜移动3米，最快速度是4米。

冰舌是硕大冰川从南极大陆缓缓经过横断山谷地带，像一条巨舌一直伸进海中形成的。毛德地和阿德利地等处都有冰舌从岸向海延伸 100 千米以上。有的宽度达 50 多千米，高度在 20～30 米之间，实际上形成了冰半岛。

二、冰盖的历史变迁

南极被冰雪覆盖的面积大约在 1200 万平方千米以上，平均厚度在 2000 米上下。用这两个数字相乘，就可以算出南极冰盖的大致体积——2400 万立方千米。

世界上最大的冰盖在南极。北极附近的格陵兰岛的冰盖居世界第二位，但是它的面积还不到南极冰盖的 1/10。至于一些高山上覆盖着的冰川，把它们加在一起也远远比不上南极冰盖。世界上 90% 的冰雪，都贮藏在南极。

正因为这样，人们给南极起了一个“冰箱”的外号。这不仅是因为那里冰的体积十分巨大，也是因为它对地球的大气、海水，都起着冷却的作用，和一个大冰箱差不多。

这个巨大的冰箱已经存在了多少年呢？

地质工作者要想知道一个地方的地质历史，他就要对地层进行各种研究。地层本身就是一份珍贵的地质记录。

科学工作者要了解南极冰盖的历史，也同样要从冰盖中去寻找线索。几千米厚的冰层是一份珍贵的档案，吸引着成百上千的科学工作者，千里迢迢地到南极去。

科学工作者研究的题目之一，是南极冰盖的年龄。这个秘密，他们是用同位素测量法来取得的。

大家都知道，水分子是由 1 个氧原子和 2 个氢原子结合而成的。但是，自然界的水总含有少量氢的同位素氘、氚和氧的同位素氧－18。这些同位素的含量和气温有关系。温度比较高，含的同

南极考察队

位素量大；温度比较低，含的同位素量少。夏天气温高，同位素含量多；冬天气温低，同位素含量就少。因此，利用夏半年和冬半年降雪中同位素含量增减的特点，就可以确定冰层的年龄。也就是说，相邻冰层中，同位素含量出现的1次起伏，就代表1年。

利用冰盖中的同位素含量，还可以大致确定不同年代的气温状况。因为，今天南极的气温我们是知道的，同时，今天南极降雪中的同位素的含量也可以测出来。这样，就可以把过去某一年代冰层中的同位素含量和今天的作比较。要是那年冰层中的同位素含量比现在的少，说明那年温度低；同位素含量多，说明那年温度高。

科学工作者用这个方法，测出了7.5万年前到1万年前的气温变化：1万年前（大约在1千米深的冰层中）同位素氧-18明显地趋向减少，说明当时气候逐渐变冷；到了更深的地方，大约到1.7万年前，氧-18含量最少，说明当时南极气温降到了最低点。再往上溯，氧-18含量又渐渐上升，直到接近冰层底部，也就是7.5万年前，氧-18含量逐渐接近现在的含量。这说明那时的气温和今天的南极相仿。

三、南极冰盖的厚度

南极冰盖的厚度问题，一直吸引着许多南极探险者的注意。

在南极探险初期，在当时的技术条件下，是无法弄清这个问题的。这不仅仅因为南极冰盖面积太大，测量不过来；也因为它太厚，用手操作的铁钻，根本钻不透几千米的冰层。

随着科学技术的发展，人们渐渐找到一些用来测量南极冰盖厚度的新方法。

我们知道，为了寻找地下矿藏，地质学家采用了人工地震法，来弄清地底下的情况。冰川学家从地质学家那里学到了这种方法，用来测量冰层的厚度。

他们把人工地震工具和仪器装在一部大型履带式牵引车后面的拖车上，在一定的路线上行进，每隔几千米，在冰中埋上炸药，在四周一定距离内的地面上设置地震记录仪。牵引车完成上述作业后，离开预定的震区范围，然后点火引爆。这时候，人工造成的地震波穿过冰层到达冰下地面，再反射回来，记录在地震仪上。科学家知道了地震波在冰中传播的速度，又知道了在冰中的传播时间，就可以算出冰层的厚度。

地震法比人力打钻的方法好得多了，但是还存在着缺点，主要是太慢了。尽管人们作了极大的努力，总不能把所有的地方都测遍。有些地方，冰面崎岖不平，牵引车根本无法通过。南极严酷的气候条件也给测量工作带来极大的困难。

因此，20 世纪 60 年代初用人工地震法所作出的第一幅南极冰盖厚度图还相当粗糙。

那么，有没有更先进的方法去测量冰层呢？

20 世纪 70 年代以来，在南极开始使用了新方法——机载无线电回声测深法。就是在飞机上安装了无线电测深仪器，在飞行中不断向冰层发射一定波长的无线电波，电磁波穿过冰层，到达地面后反射回来，又被飞机上的接收仪器自动记录下来。科学工作者用这个方法对南极大陆的冰盖厚度重新进行测量，测量精确度比地震法大大提高，速度也大大地加快。过去牵引车到不了的地方，飞机都可以去。南极冰盖厚度就可以更详细、更精确地测量出来了。

四、移动的冰盖

1957 年，美国曾在南极极点设置了一个进行长期科学观测的基地，这就是阿蒙森—斯科特南极极点科学站。科学站设有各种观测设备和相当舒适的住房，即使在漆黑寒冷的极夜，也可以保证照常工作。

观测工作年复一年地进行着。

到了 70 年代初，那里的工作人员逐渐发现，这个基地的位置发生了变化。也就是说，本来正好设在南极点上的观测站，已经不在极点上了，它向南美洲的方向“移动”了 100 多米。平均每年移动速度约 10 米，每天移动速度不到 3 厘米。

科学站怎么会移动呢？原来，并不是科学站在移动。移动的是它下面的冰层。冰层不停地移动，建在冰层上面的科学站也只好随冰“漂流”，越走离极点越远，因此不得不考虑重建新站。这次，新站没有建在极点正上方，而是建在极点附近。预计几年以后，由于冰层的移动，可以使观测站

“走”到极点上。即使这样，这个新站也只能用10多年。

这个事例说明了，南极冰盖处在不停的运动之中，即使在南极大陆的腹地，冰盖也在缓慢地移动着。

为什么冰盖会移动呢？

高山上的冰川挂在倾斜的山坡上，它受到地球的重力作用，会向下滑动。

南极冰盖下面的地形有高有低，崎岖不平，它移动的情况，和高山冰川不完全相同。

冰是一种具有一定可塑性的固体，就是说，在一定的压力下，可以改变自己的形状，就像一块刚刚出锅的年糕，时间一长，就向四周“塌”下去，也就是发生了移动的现象。

当然，冰不像年糕那样软，不那么容易变形。但是，南极冰盖受的压力真是太大了。我们知道：每1立方厘米冰重约0.9克。尽管南极冰盖的冰比重比一般冰的比重略小，但是，几千米厚的冰层所产生的压力还是十分巨大的，在指甲盖那么大的面积上，承受的压力要达到几百千克！

在这样强大的压力下，冰就会像年糕一样，不顾下面地形的起伏，缓慢地从中央向冰盖四周移动。降雪又不断地压在冰盖上，使它的压力不致减少，冰盖的移动也就每年不停地进行着。它的速度一般每年是几米到几十米。

到目前为止，南极各地几乎都有了人类的足迹。科学家已经测量出南极冰盖在不同地区的移动情况，并且把这些数据放进计算机里处理，作出了整个南极冰盖的流动速度图。它告诉我们，南极冰盖的运动中心大致在南纬81°、东经78°的地方。这里冰盖的海拔高度超过4200米。南极冰盖就从这里出发，移向四面八方。

五、冰盖献礼

南极的冰盖年复一年地向大陆边缘移动，并且在岸边崩裂，变成冰山，漂浮在海中。它们有的像百里长堤，有的像巨型的船只，有的像水晶般的山峰，顺着海流的方向缓缓前进。

一群海鸟，尖叫着掠过海面，安详地落在淡青色的冰山之上。

这是一幅相当美丽的南极海面的风景画。

据说，1965 年 11 月，有人在南极海区发现一座罕见的大冰山，长 333 千米，宽 96 千米。就算你 1 小时走 10 千米，从冰山长度的这头走到那头，一天也走不完。

当然，像这样超大型的冰山是很少见的。最常见的一般只有几百米长，高出海面大约十几米到 30 米。冰山的水下部分比水上部分大得多。水下部分和水上部分的比例一般是 7∶1 左右。

冰山可以顺着海流方向，漂到北方温暖的地方，最北可以漂到南纬 80° 左右，这里已经是南温带了。

过去，在南极海区航行的船只，都把冰山当成一种危险的东西。在大风大雾的天气里，特别是在漆黑的夜晚，如果航船不幸跟冰山遭遇，总要落得船碎人亡。后来，船上装上了雷达，在任何天气条件下，都能发现远处的冰山，船只就可以根据雷达提供的情报，调整航向，避开冰山。

渐渐地，人们发现冰山不是祸害，而是南极冰盖给人们送来的礼物。

前面已经说过，南极大陆堆积着大约 2400 万立方千米的冰，是一个巨大的固体淡水库。世界上所有的江河、湖泊的淡水全加起来，还不到这个固体淡水库容量的 1/100。

从这个“固体淡水库”崩落下来的冰山，也是一个个小淡水库。据计算，如果我们利用南极冰山的 1/100，就可以供应几十座像日本东京那样的世界第一大城市全年的用水。

科学家们开始动脑筋了：可不可以把南极冰山拖到世界上缺水的地区呢？

但是，到目前为止，还没有哪一个国家拖过冰山，因为冰山很大，拖动不会很快，冰山在半路上会融化，甚至可能碎裂。再有，冰山的水下部分很大，不能越过海水较浅的海峡，拖船也不能停靠在岸边去加油、上水。这些问题还要进一步研究、解决。如果短途运输到澳大利亚和南美洲的缺水地区，也许比较容易做到。

格陵兰冰盖

位于北极圈的格陵兰岛，它的发现史里，有一段小小的插曲。

一、谁发现了格陵兰岛

1982 年年底，联合国大会发生了一场有趣的辩论。辩论的焦点是究竟谁发现了美洲大陆。这场辩论的起因是联合国大会讨论纪念哥伦布 1492 年 10 月发现美洲大陆 500 周年活动。一位来自冰岛的代表突然站出来说，哥伦布不是发现美洲大陆的第一个人，这顶桂冠应该戴在一个名叫列夫·阿列克辛的挪威航海家头上，他在公元 1000 年就已经首次登上了美洲大陆。因此，如果联合国要举行什么纪念人类首次发现美洲庆祝活动的话，那么应该在公元 2000 年举行 1000 周年纪念，而不是在 1992 年举行 500 周年纪念。

这到底是怎么一回事呢?

原来，有个名叫豪克的冰岛人，用冰岛语在羊皮纸上，写了一本《红色阿列克的世家》的书，记载了列夫·阿列克辛航行到美洲的故事。

哥伦布的航海船

《红色阿列克的世家》说，在格陵兰岛上长大的列夫，于公元1000 年航海到故乡挪威，受到了奥拉夫国王的盛情款待。当时斯堪的纳维亚半岛上盛行基督教，列夫和他的水手们都信了基督教。告别故土时，奥拉夫国王请列夫把基督教传到格陵兰去。列夫启航返回格陵兰的途中，遇到了大风暴。大西洋的暴风吹满了船帆，汹涌的惊涛咆哮着冲上甲板，水手们依偎在没有密封的船舱里，半身浸泡在海水中，听天由命。不知过了多长时间，风暴停息了。列夫钻出船舱，抬头环视四方，发现西边似乎有一条南北向的海岸线。他们向海岸驶去。陆地很低，被树木遮盖着。列夫认为这块陆地不是冰岛，也不是格陵兰，而是一个不同于以前见过的大陆。他把这块陆地称作好威兰。当然列夫不知道他的好威兰正是北美洲，而冰岛代表却确信列夫到达的正是美洲大陆，才引出了联合国这场唇枪舌剑来。

列夫不是豪克虚构的航海家，他是真有其人的。他的祖先是古代勇敢的北欧人，以航海为职业。他们驾着橡木做的帆船，在大西洋里航行。这种船的龙骨、船身和船舷，都用橡木精制而成。橡木之间的捻缝，用兽毛填塞。船的甲板用松木镶嵌，船的桅杆用云杉耸立。船的两边，各有 16 支船桨，安在桨柱上，既漂亮又牢固。船首是一个龙头，高高挺起，十分威武。他们过着半海盗式的航海生活。当时北欧人还不知道有地图和指南针，他们靠北极星定方向。他们有时袭击欧洲的海岸，征服了挪威海南部的设得兰群岛、法罗群岛、奥克尼群岛，继而踏上了大不列颠岛，并教会不列颠人也成为水手。他们非常富有，金银珠宝，丝绸美酒，应有尽有。公元 874 年，列夫的祖先和其他一批北欧人一起到达了冰岛。后来他们在 930 年建立了政府，这个政府的议会一直延续到今天。

列夫的父亲，名叫红色阿列克，是冰岛的一个著名人物。他长着一把红得像火的大胡子，他的性格也像火。古代北欧人崇尚角斗，民间崇拜那些左右手都能挥枪舞剑的人，那些经历过各种角斗的勇士。红色阿列克与很多北欧家族的著名人物角斗过，取得了“红色斗士”的美称。那些被他斗败的人，联合起来诽谤他，以至冰岛的立法院不得不叫他离开冰岛。

公元 982 年，红色斗士带了妻子和一些水手，被迫离开冰岛，驾船向西航行。他以前曾听说在冰岛西边，有一块无人知晓无人到达的陆地，他想去寻找这块陆地安家立身。几天之后，他果然发现了这块陆地，并给这块陆地取名叫格陵兰，意思是绿色的土地，阿列克相信自己能在这块土地上定居下来，繁荣生息。他们开荒种地，捕鱼狩猎，盖起了住房，盖起了谷仓。他的儿子列夫一长大后，成了一名勇敢的航海家，偶然到了北美洲。

格陵兰岛

阿列克发现的格陵兰，后来才知道，原来是一个巨大的岛屿，面积有217万平方千米，是世界第一大岛。可惜它只有很少绿色的土地，80%的地方被冰川覆盖着，似乎是一块荒凉的不毛之地，所以谁也不想把它窃为己有。直到18世纪，帝国主义列强瓜分世界甚嚣尘上的时候，格陵兰才成为丹麦—挪威的殖民地。1814年，丹麦—挪威分为两个国家，格陵兰划归丹麦。

阿列克安发现格陵兰之所以获得成功，他的冒险精神和航海技能固然是很重要的原因，但北极海域特多的蜃景，也给他提供了寻找新陆地的线索。他听说冰岛西边有一块陆地，说这话的人一定是从海市蜃楼中看到了格陵兰的幻景的。冰岛距格陵兰有300千米之遥，即使最好的天气，也无法看到格陵兰。然而海中出现蜃景时，站在冰岛的西部悬崖上，就能看到格陵兰的山脉。

北极是有名的蜃景之乡。光线经不同密度的空气层，发生显著折射（有时伴有全反射）时，把远处的景物显示在空中或地面上的奇异幻景，常发生在海边和沙漠地区。这种奇异幻景就叫海市蜃楼。热空气移动或者静止在寒冷空气的表面，是产生海市蜃楼的起码条件。北极圈上空经常有缓慢移动的高压气团在寒冷空气上活动，使北极的蜃景特别活跃。一位探险家看到北极蜃景时写道："其景色是如此鲜艳清晰，以至于会强烈地诱惑住猎人或游客，它似乎比大自然的美更具有魅力，更令人神往。"1939年7月17日下午4点光景，"莫里西"号船长在格陵兰南端海上看到海拔1438米高的斯余费尔斯山突然出现在40千米开外的地方，而实际距离应该有550千米。蜃景使眼睛作出错误的判断，但它的假象却帮助人们去探索新的世界。北欧人发现冰岛就是一个例子。北欧人征服法罗群岛后，一般情况下，法罗群岛离冰岛有400千米，是无论如何也看不见冰岛的。但北极蜃景帮助北欧人把视距延伸，从海市蜃楼中看到了冰岛的幻景。

继红色斗士的儿子列夫之后，1004年，北欧航海家卡尔舍符尼带领一支160人的队伍，来到格陵兰，他们想到列夫到过的好威兰去定居。格陵兰西岸山脉的高峰，海拔高程为2200米，北美洲巴芬岛沿岸的山脉高程也有2100米，两地相距不到500千米。按照地球曲率所决定的正常视距，站在格陵兰西岸的高峰上，可以看到400千米处高度为2100米的山峰。北极蜃景只要把人们的可见距离提高20%，就能看到巴芬岛上的山峰。因此，有人猜测，卡尔舍符尼的北美洲之行，很可能也是借助于蜃景导航的。

红色斗士阿列克的子孙们，在格陵兰岛上生活了400多年。他们信奉基督教，经常向罗马教堂进贡。但到15世纪，格陵兰的居民们突然杳无音讯了，是饥荒夺走了他们的生命，还是可怕的瘟疫降临到他们头上，至今仍是个谜团。

二、综述格陵兰

阿列克为了鼓舞同伴的士气，把世界第一大岛取名叫格陵兰，是名不副实的。除了边缘部分有数千米到几十千米裸露的陆地外，格陵兰的大部分地方为巨大的冰川所掩覆，把它称作北极冰库，也许更确切一些。

1. 格陵兰岛的面积

格陵兰岛上的气温，除了少数地方，终年在0℃以下。即使夏季，大部分地方仍旧是雪花飞舞。千年积雪逐渐变成了透明的冰川冰，掩覆了格陵兰的大部分土地。格陵兰的冰川面积，一共有180万平方千米，其中格陵兰冰盖就占去172万多平方千米，剩下的一点零头，是其他形式的冰川。格陵兰冰川的平均冰厚有1500米，最厚的地方达到3411米，它占去了世界冰川总面积的1/9。在北极诸岛的冰川面积中，格陵兰独占鳌头。

也许你会问，北冰洋里有那么多封海冰面积更大，怎么格陵兰排在了第一?

不错，北冰洋里有面积巨大的封海冰。被亚洲、欧洲和北美洲所围绕的北冰洋，面积虽然只有1300多万平方千米，是世界四大洋中面积最小的一个海洋。但它洋面上封海冰占的面积，在冬季达到1100万平方千米，即使在夏季面积收缩时，还有800多万平方千米，相当于南半球大洋洲的面积。如果以冰所占据的地球表面大小而论，当然北冰洋的封海冰要大于格陵兰的冰川了。

但是，我们在前面说过，封海冰的面积尽管很大，可惜它不是冰川。封海冰是由海水冻结而成的。河流冻结而成的河冰，湖泊、水库冻结而成的湖冰，冬天水缸里冻结的冰块，制冰工厂里生产的人造冰，它们直接由水冻结而成，统称水成冰。地球上的冰大致可以分为2类，一类是水成冰，另一类是由积雪经过变质作用而形成的冰川冰。它们不是一回事。

因此，就冰川而言，格陵兰冰川在北极地区是无与匹敌的。

当然这个说法有些不具体。那么，让我们把北极地区冰川分布的情况，作一个简单的介绍，你就会明白，格陵兰冰川在北极是占据在多么显赫的地位上。

北极冰川中，名列第二的是加拿大北部的埃尔斯米尔岛，岛上冰川面积有8.3万平方千米。这是一个形状极不规则的岛屿，有4个独立的岛屿冰盖各霸一方，占地为王，每个冰盖的面积都超出了万字大关，在世界上小有名气。

排行第三的是属于挪威管辖的斯匹次卑尔根群岛，群岛上80%的土地被冰川占据，冰川面积有5.7万平方千米。冰川主要居住在东北地岛和匿斯匹次卑尔根岛上。东北地岛上有3个出名的冰盖，其中东冰盖最大，面积有5570平方千米，冰川边缘伸到了海岸上。1938年，挪威的一位飞机驾驶员发现，东冰盖南端伸入海洋的冰流，急急忙忙向海里伸长了21千米，占据海洋面积达500平方千米，成为当时轰动斯堪的纳维亚半岛的一条新闻。

部分领土伸进北极圈的美国阿拉斯加，有冰川5.2万平方千米。说来有趣，1741年，俄国探险家白令越过白令海峡，发现了阿拉斯加，它就成为俄国在美洲的一块领地。想不到1867年，穷途潦倒的沙皇，竟将这块比我国东北三省还大的土地，以720万美元的贱价，卖给美国了。阿拉斯加的一些主要冰川很别致，既不像北极诸岛上的冰盖，也不像一般高山上的山地冰川，而是许多冰流汇合到山麓地带，形成山麓冰川。其中最著名的山麓冰川，是马拉斯平冰川，面积达到2682平方千米，它也是世界上最大的山麓冰川。

此外，冰川面积超过1万平方千米的北极岛屿还有：

巴芬岛（加拿大）　3.6万平方千米

新地岛（俄罗斯）　2.2万平方千米

法兰士约瑟夫地（俄罗斯）　1.7万平方千米

德文岛（加拿大）　1.6万平方千米

北地群岛（俄罗斯）　1.6 万平方千米

冰岛（国家）　1.3 万平方千米

阿克塞尔黑伯格岛（加拿大）　1 万平方千米

至于冰川面积在 1 万平方千米以下的地方，我们在这里就不说了。

从上面列举的数字中，可以清楚地看出，北极圈里其他地方的冰川，面积加在一起，还够不上格陵兰冰川的零头。

格陵兰是名副其实的北极冰库。不论从狭义的冰川冰的角度，还是从广义的冰的角度，这座冰库里冰的数量，都是名列前茅的。

北冰洋的封海冰，虽然面积比格陵兰冰川大得多，但是它们的冰量，却远远逊色于格陵兰冰川。一般的封海冰，厚度只有 2 ~ 4 米。就是北极中心的封海冰，厚度也不过在 30 米左右。而格陵兰冰川，平均冰厚达到 1500 米，也就是说，它一共贮存了 270 万立方千米的冰体。如果把这些冰体平摊在北冰洋里，那么，覆盖在整个冰洋洋面上的冰厚，将达到 206 米，远远超过目前封海冰的厚度。

所以说格陵兰是北极冰库，一点也没有夸张。

你可不能小看这座北极冰库的贮冰量。如果把它平均分给大家，地球上每个人能得到 54 万立方米的冰川冰。如果把它平均铺在地球上，地壳表面将会被一层 5 米厚的冰壳包裹。假如把它融化成水倾倒在海洋里，世界洋面将会上升 6 ~ 7 米。

第一个到达北极极点的美国探险家皮尔里，在他横跨格陵兰冰盖探险时，曾经这样描述这座北极冰库：“格陵兰是一个极地撒哈拉。同它比较起来，非洲撒哈拉大沙漠也大为逊色。在这个冰冻的荒漠上，没有生命的迹象，没有岩石，也没有一粒砂子。像我这样的旅行家，尽管在这里漫游了几个星期，但除了自己和旅伴之外，却只能看到无边无际的雪原，无边无际的寒冷的蓝色天空和惨白的毫无暖意的太阳。”

的确，在这座冰库里，到处是冰的世界，冰的海洋。冰库里有千年积雪，万年冰川。1981 年，美国、丹麦和瑞士的科学家，在这座冰库上打了一个直径 10 厘米的钻孔，钻头深入到 2037 米的深处，才遇到地面基岩。根据地球物理测量的资料，冰库底下埋藏着的地形，还非常完整，有完整的山峰，有完整的山谷，甚至还有河流和湖泊。它们已经在冰下安息了上千万年，很难有出头之日。

在这座北极冰库里，主要居住着冰川大家庭里的二号巨人格陵兰冰盖。它南北长约 2400 千米，东西宽约 800 千米，最高点达到海拔 3157 米。但是也有不少其他冰川，它们分布在格陵兰冰盖周围的山地里，与冰盖脱离了关系，独立成家。这些独立成家的冰川中，有的长度也很惊人。像格陵兰西北海岸的佩特曼冰川，长 200 千米，宽 16 千米，冰舌下伸到海面上。还有一条名叫里杰尔的冰川，也长 200 千米，它的冰舌伸进海洋达 40 千米。

当然，美国探险家皮尔里说格陵兰没有生命的迹象，是夸张得过头了一些。

格陵兰冰盖上，如果细心观察，有些地方可以发现一些圆筒状冰坑。这种冰坑里在夏天居然也会充满融化的冰水。哪里有水，哪里就有生命。在这种冰坑底部，有一层颗粒状的胶体物质。经过鉴定，胶体颗粒一部分是风吹来的尘土，一部分却是有机生命体，主要是蓝绿藻和霉菌。更有意思的是，还有一种很小的轮虫与这些菌藻生活在一起。这些弱小的生命在那个狭小的冰坑里，组成了一个相互依存的生物世界。冬天，水和藻菌冻结起来，一旦阳光普照冰面，藻菌又迅速活动起来。一些较大的冰坑里，藻菌和轮虫们已在冰川上定居了几百年。

而且，格陵兰的冰川毕竟没有全部覆盖岛屿，在岛屿的边缘，有不少零星的陆地。红色斗士阿列克和他的子孙们在格陵兰生活了三四百年暂且不说，后来的爱斯基摩人却不是直到现在还居住在格陵兰吗？格陵兰现在将近有 5 万人口，多数是爱斯基摩人，他们下海捕鱼，追猎海豹和白熊，也把冰川冰出口到美国去，赚取外汇。他们的冰雕和兽皮是传统的出口物，他们的爱斯基摩小雪屋早已名扬四海，他们正在把北极冰库开发成吸引游人的夏季旅游胜地。

2. 格陵兰岛的地形及古老的历史

位于北美洲东北方向的格陵兰岛，南起北纬 60°的费尔韦尔角，北到北纬 84°的北冰洋腹地，直跨 24°纬度，是一块与北极最接近的陆地。它西临巴芬湾和戴维斯海峡，东濒格陵兰海和丹麦海峡，形状很像一只缺角的老菱。

这个世界最大的岛屿，西部多山，但山脉不高，大部分山峰海拔不超过1500米，仅有少量山峰在2000米以上，例如苏努格苏古塔峰，海拔2240米。格陵兰东海岸，海湾、峡湾和港口较多，海岸线长达16360千米。山脉不多，但高度比西部的高，最高峰福雷耳峰，海拔3440米，是全岛的最高点。

谁能想到，这个被冰川封冻的大岛，却有不少地方的陆地低于海平面。根据地球物理测量的数据表明，格陵兰冰盖冰层最厚的地方，恰好又是下伏岩床最低的地方，冰盖边缘地面却相对高高隆起。人们在冰盖中心偏南部分，测到那里的地面，竟低于海平面366米，比我国吐鲁番盆地（－155米）还要低210米。假如有一只巨手把格陵兰的冰川拿掉，人们将会看见，这块菱形的陆地，很像一只漂浮在海洋上的盆子，边缘高，里面低。原来，是巨厚的冰川冰压沉了这里的地壳，使这个岛屿变成了目前的状态。

拂去历史的灰尘，撩开尘封的帷幔，我们将会发现，地球上一系列重大的事件，格陵兰海是一个重要的舞台呢。

地球上最古老的岩石，是在这个海上盆子里找到的，它的年龄达到了38亿岁。当地球从太阳系里呱呱坠地不久，格陵兰古陆就诞生了。地球上大部分地区的岩石，年龄在28亿岁左右。超过30亿岁年龄的岩石发现不多。乌克兰，岩石年龄30.5亿岁；南非德兰士瓦中部，岩石年龄32亿岁；美国明尼苏达州，岩石年龄33亿岁；刚果南部，岩石年龄35亿岁。格陵兰真不简单，突然爆出一个冷门，把地球上岩石的年龄推向了38亿岁。

人们还在这块貌不惊人的荒凉古陆上，找到了地球上第一代陆上植物和陆上动物弃水登陆的证据。

以地质古生物学家雅尔维克教授为首的丹麦考察队，三进格陵兰，考察地质，寻找化石。1926年初进格陵兰，收获不大。但他们并不灰心，并不气馁，1929年又重整旗鼓，二进格陵兰，终于找到了7件破碎的鱼石螈化石标本。当然，单凭这7件不完整的化石标本，很难说清楚问题的实质。于是，1947年第二次世界大战结束不久，雅尔维克又带领丹麦考察队，乘坐“海神’号考察船，第三次挺进格陵兰。经过4年含辛茹苦的劳作，雅尔维克采掘到170件鱼石螈化石标本，还有其他甲胄鱼、肺鱼、总鳍鱼的化石标本和许多植物化石标本、岩石地层标本。根据这些标本提供的确凿资料，丹麦考察队向世界学术界描绘了一幅3亿年前的地球景观复原图。

4亿年前地质年代里称为志留纪末期的时候，欧洲和北美洲两大板块的边缘，在北大西洋连接北冰洋的那一个地带相撞了。这次地质事件的结果，形成了一条新生的加里东山系。地质历史上把这次造山运动称作加里东运动。加里东运动局部改变了地球海陆分布的轮廓，陆地面积扩大了，同时，地球上的气候变得炎热湿润。

那些生活在海洋里的蓝绿藻，经常被海浪卷上海滩。它们不适应陆上的环境，大批大批地死亡了。但是，也有个别生命力顽强的佼佼者，适应了陆生的环境，慢慢长出了根须和茎干，在陆地上顶天立地，站立了起来，成为第一代陆生植物。当它们在陆地上站稳脚跟后，茎干继续用二分叉的方式添枝加叶，向高等植物方向进化。因为地球上第一代陆生植物，类似于赤身裸体刚刚离开母体的婴儿，古生物学家把它们取名叫裸蕨植物。

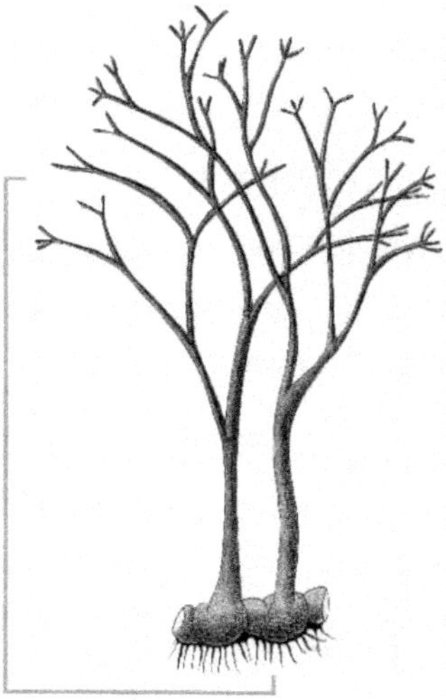

裸　蕨

那时候，格陵兰跟地球上其他地方一样，没有冰川，气候湿热，到处是裸蕨丛生的沼泽，还有众多的湖泊。在那水乡泽国里，有机物特别丰富，微生物十分活跃，成为鱼类水族安居乐业的天堂。笨头笨脑的头甲鱼，行动不便的节甲鱼，披胄带甲的胴甲鱼，就终年栖息在这样的环境里，故步自封，不思进击。其中有二种属于内鼻鱼类的肺鱼和总鳍鱼，它们标新立异，不墨守成规，用鳞片包裹身体，用胸鳍和腹鳍在泥地上爬行。它们的求生本领很大，既能在水中用鳃呼吸，也能在空气里用肺呼吸。

到了3.5亿年前的泥盆纪末期，格陵兰的地理环境发生了一次剧变，由湿热的气候变成了炎热干燥缺水的环境，好像今天的沙漠戈壁地区。生活在格陵兰的水族们，这时发生了大动荡大分化。那些披胄裹甲的甲胄鱼类，无法适应缺水的威胁，自动退出了历史舞台。肺鱼和总鳍鱼，凭借它们一些特殊的身体构造，苟延残喘下来，在与环境奋力挣扎的过程中，逐渐进化成为新的动物。

鱼石螈

但是，后来出现的鱼石螈究竟是由肺鱼还是总鳍鱼进化而来，在古生物学界一直是个谜团。格陵兰的鱼石螈化石标本揭开了这个谜团。

比较化石标本，肺鱼的偶鳍骨骼构成，与陆生脊椎动物的四肢差别较大，不像是鱼石螈的前身。而总鳍鱼偶鳍的骨骼，具有陆生脊椎动物四肢所具有的肱骨、尺骨、桡骨、掌骨、指骨等同源骨骼，它应是鱼石螈的前身。更奇妙的是，鱼石螈尾部不但有较长的脊椎骨，还有鳍条的残留和鳞片的残留，这些都是鱼类的特征。正因为鱼石螈既有鱼类特性的残留，又有陆生脊椎动物的某些特性，因此它显示出了微妙的过渡型动物的特点，成为地球上第一代弃水登陆地陆生动物。

雅尔维克采到的鱼石螈化石标本，是在红砂岩地层里找到的，说明当时的格陵兰，是个沙漠和半沙漠的环境。随着时间老人的脚步，格陵兰的自然环境，一而再，再而三地发生变化。岛上曾经生长过茂盛的红杉林，生长过果实累累的野葡萄。直到1000万年前的晚第三纪时，它才变得寒冷起来，开始披冰戴雪，逐渐变成了今天的冰雪世界。

格陵兰冰川在很长一段历史时期里，一直处在很稳定的地位。也就是说，它的冰量收入等于它的支出。格陵兰冰川的冰量收入是降落在冰川上的雪，积雪会逐渐变成冰川冰，补充到冰川上去。它的支出是冰川的消融。但很遗憾，由于格跨兰岛地处北极圈，即使在夏天，气温也是不高的。所以如果单凭夏天那么一点消融量，格陵兰冰川真要成为冰雪的富翁了。但它不愿意更多的富有，它采用了另外一种机械的方式，把多余的冰块支出去，从而基本上达到冰川收支的平衡。这另外一种支出方式，就是它向周围的海洋，不断抛出一座座冰山。

你见过冰山吗？

湛蓝湛蓝的广阔洋面上，一座又一座冰的山峰，好像白色的船帆，默默地乘风破浪，肃穆而又庄严。在阳光照射下，这些冰的山峰，好像巨大的水晶制品，闪烁着蓝宝石绿翡翠般迷人的光泽，与海水相映，彩星返照，绚丽夺目。丹麦伟大的童话作家安徒生，在他的名著《海的女儿》里，用极其优美的语言，描写了北冰洋里的冰山。他写道："每一座冰山看起来像一颗珍珠，可是却比人类所建造的教堂的塔还要大得多。它们以种种奇奇怪怪的形状出现，像钻石似的射出光彩。"

从前，不少人认为，漂泊在海洋里的冰山，是一种海冰。当科学不发达的时候，以讹传讹，把冰山和海冰混为一谈，也许还情有可原。但现代科学知识已经告诉了我们，海冰是由海水冻结而成的，它是咸的，海冰的厚度也不大，一般只有4～5米；冰山却是地地道道的冰川冰，是起源于陆地冰川的淡水冰，再把冰山和海冰混淆在一起，就要感到脸红了。

既然冰山是发源在陆地冰川上的。它怎么生出"脚"来，跑到海洋里去了呢？

你知道雪线吗？晴朗的夏天，生活在我国西部高山区的居民，可以清晰地看到一条黑白分明的界线横过山腰。线以上是银光闪烁的冰雪世界。这条界线，称为雪线。确切地说，雪线是指某一个海拔高度，在这个高度上，每年降落的雪刚好在当年融化完。所以科学上把雪线称作是多年积雪区的下界，为年降雪量与融雪量平衡的地带。地球上的雪线高度，是由赤道向南北两极逐渐降低，湿润地区低于干燥地区，通常阴坡低于阳坡。就拿北半球来说吧，雪线最高的地方在喜马拉雅山，高度达到6000米。但到格陵兰岛东北部，雪线降低到海平面上。从格陵兰流出的许多冰舌，直接到达海岸上，有的甚至伸进海洋，在海面上漂浮着，形成美丽的漂浮冰舌。

海洋里有潮汐，北极地区又多风暴。在潮汐和风暴的不断冲刷下，久而久之，就使垛垛冰块从冰舌上断裂开来，坍入海洋，被海水带走。这种冰块，就是冰山。

强烈的地震，也能使海岸上的冰川断裂，落进海洋变成冰山。1899年，阿拉斯加发生大地震，有几条冰川被震断了冰舌，落进附近的冰川湾港门里。港湾被冰山堵塞，直到1907年冰山融化殆尽后，轮船才能进入冰川湾港口。1982年，阿拉斯加瓦尔德兹的哥伦比亚冰川，弄不清楚得了什么怪毛病，突然大块大块地瓦解，崩落到岸下的海洋里，每天落进水里的冰山，达到2000多万吨。

斯匹次卑尔根群岛、新地岛、埃尔斯米尔岛，都是冰山的老家。北极海域每年大约有1万多座冰山，离乡背井，到北冰洋、北大西洋和北太平洋上去漂泊。其中，90%的冰山是从格陵兰冰川上抛出来的。有人看到过格陵兰抛出的最大冰山，体积达到3100万立方米。也许还有更大的冰山，没有被人发现。有一次，从一条名叫雅可布斯哈文的冰川上，崩解下一座冰山，体积有2100万立方米，落进海洋后，耸立在水面上的冰体高度，还达到122米。单是一条名叫卡拉雅克的冰流，每年以冰山的方式，消耗掉153亿立方米的冰川冰。

产生冰山时的一刹那景象，是十分壮观的。只有那些在极地洋面上航行的海员，才能看到这种壮丽无比的景象。突然间，天崩地裂般的一声巨响，冰体崩解了，落进海洋，卷起千层浪花。慢慢地，从浪花的漩涡中，好像高台跳水运动员似的，钻出一座晶莹洁白的冰山来。海员们爱开玩笑，把冰川崩解冰山，说成是冰川在生孩子了。不错，冰山是冰川的孩子。

冰川的孩子们随着洋流漂泊四方，它们打扮着地球的面貌，供人欣赏。它们在四海为家的过程中，还在不断改变着自己的面貌。它们有的像金字塔，有的像笔架山，有的像哥特式拱门，有的像罗马式柱廊，有的纯粹像一座浮动的岛屿。

顺便说一下，北极海域的冰山不是最大的，与南极比起来，简直是小巫见大巫。世界上最大的冰山，是在南太平洋的斯科特岛西侧240千米处发现的。1956年11月12日，美国“冰川”号考察船在那里遇到一座冰山，长335千米，宽97千米，面积3.1万多平方千米，比整个比利时的国土还大。一般来说，大冰山的寿命也比较长，它们能够漂泊到很远的地方。1967年10月11日，美国气象卫星上的一架仪器，发现在南极威德尔海出现一座冰山，长105千米，宽55千米，面积有5000多平方千米。这座相当于2个卢森堡国土面积的冰山，顶端平坦，像一个光洁的大桌面。它一出现，就被卫星上的仪器跟踪上了。只见它极其缓慢地漂流，先是沿着威德尔海海岸移动，后来它曾经搁浅，以后又向北漂移。1977 年 11 月，在它漂泊了 10 个年头后，到达了像岛海域，进入了开阔的大西洋。1978 年 2 月，它被一股西风驱动，开始移向非洲大陆南端。1978 年 5 月，一艘考察船上的科学家看见了它，这时它缩小了，长度不超过 74 千米，宽度不到 37 千米。但不管怎么说，它此时已经存在了 11 年，移动了 3700 多海里路程。

冰川冰的比重一般在 0.9 左右。因此，人们看到的冰山，露出水面部分只是极少的一部分，而大部分冰体，都掩藏在海水中，海流对它的影响，有时要比海风大得多。所以有时能在海上看到一种有趣的现象，冰山会逆风而行，好像在它尾部装了一架螺旋桨。有时还能看到更奇怪的现象，在被海风吹动的浮冰块中，一座高大的冰山逆着浮冰群破冰前进，冰山后面形成一条长长的无冰纯水带，有经验的船长把船开到纯水带里，慢慢跟着冰山前进。

我国的冰川

山岳冰川是分布在高山地区的冰川。主要分布在亚欧大陆高山地区的上部。这里的低温和大量的降雪对冰川的发育提供了条件。山岳冰川的规模和厚度远远不及大陆冰川。由于地处山区，坡度较大，山岳冰川的流动速度要比大陆冰川快得多，因此对地面的侵蚀作用也显得十分明显和强烈，常常形成各种冰蚀地貌。中国是世界上多冰川的国家之一，大小冰川共有 43000 多条，冰川覆盖面积有 6 万平方千米之多，占到亚洲冰川总量的 1/2 以上，而且还是世界上最早直接利用冰川为人类服务的国家之一。早在唐代，人们就利用祁连山的冰川融水，使著名的“丝绸之路”上的敦煌成为一个绿洲城市。

我国的西部，高原雄踞，高山耸峙，孕育了许多山岳冰川，是世界上山岳冰川最发达的国家之一。

一、一般概况

我国海拔 4000 米以上的高山高原约有 200 万平方千米。号称“世界屋脊”的青藏高原和帕米尔高原盘踞西陲，巍峨的喜马拉雅山、昆仑山、祁连山、天山和阿尔泰山直插云天。世界上 14 座海拔 8000 米以上的高峰，有 7 座屹立在我国边界上和我国境内。被誉为“世界第三极”的珠穆朗玛峰，更高踞群峰之上。

昆仑山

高山严寒是冰川发育的主要原因。据计算，珠穆朗玛峰顶的年平均温度低到 -27℃左右，雪线附近也在 -9℃ ~ -4℃之间。由于高寒，高山上的降水都以固态降水的形式出现，并使雪线以上的积雪得以保存下来。这是我国高山冰川发育的重要条件。我国冰川上降水的来源有 3 个：①太平洋东南季风，浸润了祁连山东段、积石山、巴颜喀拉山和横断山脉东部。②印度洋西南季风，哺育了喜马拉雅山、念青唐古拉山和横断山脉西部。③万里迢迢携带着大西洋水汽的高空西风，控制了喀喇昆仑山、昆仑山、天山、祁连山西段和阿尔泰山，这是影响我国冰川面积最广的一个降水来源。

由于我国西部高山地处欧亚大陆中心，大多数地方距离海洋都在 2000 ~ 3000 千米以上，加上边缘高山对气流的屏障作用（像帕米尔阻塞西风，横断山脉阻塞东南季风，喜马拉雅山阻塞西南季风），使得许多冰川上水汽来源比较稀少。冰川上的年降水量，一般只有 300 ~ 1000 毫米。这就使得雪线上升得很高，冰川温度较低，活动性较弱。因此，我国的冰川大多数属于大陆性冰川。

受海洋影响大，降雪丰沛、活动性强海洋性冰川，在我国不多，只分布在西藏东南部察隅、波密、墨脱一带和横断山脉西部。那里距孟加拉湾不过 600 ~ 700 千米，源于印度洋的西南季风直达该地区，带来丰沛的水汽，使冰川具有强大的生命力。察隅北面的阿扎冰川，长 20 千米，冰川末端直伸到2500米的森林地带。

我国经过考察的最长的冰川，是天山托木尔峰南侧的托木尔冰川，长36.7千米。西藏野贡八五沟内的卡钦冰川（长33千米）、托木尔峰附近的卡拉格上勒冰川（长32.8千米）和土格别里齐冰川（长32.2千米）等，长度都在30千米以上。其他长度在20千米以上的冰川，已知的有昆仑山的玉龙冰川长25千米，融水流入玉龙喀什河：新疆西南部公格尔山的克拉牙衣拉克冰川，长23千米；珠穆朗玛峰北坡的绒布冰川，长22千米；慕土塔格山的东可可稀立冰川，长21千米；西藏野贡地区的若果冰川，长20千米；波密的则普冰川，也长20千米。我国很多山区冰川由于未经考察，今后可能发现更大的冰川。

阿扎冰川

二、冰川分布

粗略估计，我国冰川总面积约为4.4万多平方千米，占亚洲冰川总面积的40%左右。北起阿尔泰山，南到云南省丽江的玉龙山，西自帕米尔，东到贡嘎山，都有现代冰川分布。

1. 阿尔泰山

阿尔泰山即“金山”之意，奎屯山海拔4374米，是阿尔泰山最大的冰川作用中心。在我国境内的冰川面积有100多平方千米。南坡我国境内最大的冰川长112千米，冰舌末端降到海拔2400米。其他冰川都属小型冰斗

阿尔泰山

冰川和悬冰川。

2. 天　　山

在我国境内的冰川西起中苏边界，东到哈密东北的喀尔里克山，沿各主山脊均有冰川分布。冰川的规模西段大于东段，北坡大于南坡。共有6896条冰川，面积达9548平方千米。西段冰川多属土耳其斯坦型山谷冰川，以托木尔峰为中心向四周辐射，滋育了流量较大的阿克苏河和渭干河。玛纳斯河上游是中段天山另一个冰川作用中心，冰川面积1566平方千米，最大的冰川长14千米，末端降到海拔3333米，融水灌溉着玛纳斯垦区的良田沃野。东段天山冰川规模较小，最大的冰川在博格多山北坡的白杨河源双支冰川，长7千米。天山的冰雪融水与天山南北的工农业生产有着密切的关系。

天　山

3. 祁连山

祁连山东西长800千米，南北宽200～400千米，共有冰川3306条，面积约2062平方千米。雪线从东向西升高，东段冷龙岭北坡雪线为4350～4550米，到西南段柴达木北山雪线升高到5180米。主要冰川作用中心在疏勒南山和土尔根达坂山、大雪山和走廊南山洪水坝河上游。最大的山谷冰川是大雪山老虎沟12号冰川，长10千米，面积21.45平方千米，是一条复式山谷冰川。祁连山是我国现代冰川研究最早的地区之一，北坡的冰雪融水对于甘肃河西走廊的工农业用水有着重要的作用。

4. 昆仑山

昆仑山分东、西2段；东段又分南、北2支，北支叫作阿尔金山，南支叫作可可西里山。各山都有冰川发育，雪线由西向东升高。西昆仑山冰川只有慕土塔格山和公格尔山经过考察，两山的冰川面积是596.4平方千米，有冰川30余条，以两山为中心作星状分布。冰川融水流人叶尔羌河和盖考河。和田以南玉龙喀什河上游是另一个巨大的冰川作用中心，昆仑山最大的冰川玉龙冰川分布于此。东昆仑山因为降水较少，冰川规模不大。

5. 喀喇昆仑山

喀喇昆仑山以大喀喇昆仑山为主脉，耸立在我国新疆和巴基斯坦实际控制的克什米尔边界上，绵延600余千米。主峰乔戈里峰（8611米）是世界第二高峰。喀喇昆仑山是中低纬地区最大的冰川作用中心，大冰川触目皆是，蟠蜿纵谷之中，构成复杂的树枝状山谷冰川。南坡克什米尔境内有若干长达50千米以上的大冰川，如厦呈冰川长75千米。北坡我国境内的冰川规模较小，但也不乏长达二三十千米的大冰川，如裂隙冰川长36千米，沙波拉果冰川长26千米，等等。阿里喀喇昆仑山由于山体欠高，冰川规模大为减少，冰川一般长3~5千米，雪线高达6000~6100米。

6. 唐古拉山

横贯青藏高原中部的唐古拉山高6000多米，雪线高度5400~5600米，这里冰川规模不大。青藏公路沿线见到最大冰川不过长5千米，冰舌短小，围谷宽大，是退缩冰川中稳定性特高者。唐古拉山口西侧长江正源的各拉丹冬峰（6621米），是唐古拉山最大的冰川作用中心，冰川面积有600平方千米，最大冰川是姜根迪如峰南冰川，长12.5千米。从唐古拉山南麓到昆仑山垭口，南北600千米间，是连续的多年冻土区，景观独具特色。

7. 冈底斯山与念青唐古拉山

冈底斯山在喜马拉雅山之北，东延到纳木湖以北转作向北突出的弧形山脉，称为念青唐古拉山。这条山脉的高度仅次于喜马拉雅山，有许多高峰超过6000米以上，形势很雄壮。主峰冈底斯山（6714米），山势奇伟，冰川四溢。念青唐古拉山冰川发育良好，特别是东延到林芝、波密一带，由于适处印度洋季风沿雅鲁藏布江北上的孔道上，冰川区降水充沛，成为我国独具特色的海洋性冰川发育的地方。卡钦冰川、阿扎冰川、若果冰川、则普冰川等大冰川均在这里。这一带冰川泥石流较多，对公路交通和一些居民点有较大的危害。

8. 横断山脉

西藏东部与四川、云南西部的横断山脉，最高峰为贡嘎山，海拔 7590 米。横断山脉地处西南季风和东南季风交绥之地。雪线大体是西低东高，察隅一带雪线高度最低，为 4500 米左右，怒山雪线为 5200 米，金沙江与澜沧江的分水岭白马山，雪线高达 5800 米。但再向东到玉龙山，雪线又降到 5000 米左右。横断山脉的冰川多为海洋性冰川。贡嘎山东坡的海螺沟冰川，长 14.2 千米，冰舌伸到 2850 米，有 5 千米冰舌伸进森林地带。冰川森林相互交错，有的耕地高于冰舌。雀儿山主峰超过 6000 米，有 2 条冰斗—山谷冰川，各长 6 千米和 7 千米，其他还有二三十条小型的冰斗冰川和悬冰川，这里雪线高 5100 ~ 5200 米，根据某些现象来看，仍属于海洋性冰川。

9. 喜马拉雅山

“喜马拉雅”一名来自梵文，“喜马”之意为雪，“拉雅”之意为住屋、家乡，原意是雪的家乡，分布着许多现代冰川。耸峙在中尼边境的珠穆朗玛峰，1960 年，我国登山运动员一举从北坡登上珠穆朗玛峰；1975 年，包括 1 名女运动员在内的 9 名运动员，又再次登上这个最高峰，大长了中国人民的志气。登山过程中，还进行了多学科的科学考察工作，对揭露珠穆朗玛峰地区的秘密作出了更大的贡献。冰川考察发现，仅珠穆朗玛峰附近就有冰川 600 余条，在我国境内的有 217 条，面积共 772 平方千米。希夏邦马峰附近的冰川在 1964 年也经过详细的考察。发现两峰附近的冰川均属大陆性冰川。但由于所处纬度较低而海拔极高，强烈的太阳辐射配合其他原因，使这里的冰川表现出许多独具一格的特点，冰塔林的特别发育就是突出的特征之一。

大陆性冰川

恒温层温度处于较低的负温状态（零下几度到几十度）的冰川，冰川学上称作大陆性冰川。当然有时候，冰底岩床传导出来的地热也可使某些冰川底部的冰层温度升高一点，但整个冰川的主体仍以较低负温为其特点。某些大陆性冰川底部有冻土出现，这足以说明它们是在十分严寒的环境下生成的。

过去有一种流行的概念，认为高纬和极地是大陆性冰川，中、低纬山区是海洋性冰川，所以也有人把海洋性冰川称为温带冰川。根据新近的研究，温带冰川并不都是海洋性冰川。我国西部高山和中亚山地许多冰川都是大陆性冰川。

大陆性冰川是由大陆性气候这个特点带来的。我国西部山区由于降水稀少，又集中于夏季，冰雪保存很不容易。这样，只有在极高的山地，温度较低的高峰附近，才能使不多的冰雪保存下来，逐渐演变为冰川。

海洋性冰川

恒温层温度接近0℃或压力融点的冰川，叫作海洋性冰川。欧洲阿尔卑斯山的冰川是典型的海洋性冰川。北美阿拉斯加的多数冰川、斯堪的纳维亚半岛上的冰川以及南半球新西兰的冰川，也都属于海洋性冰川的范围。

沙　棘

我国青藏高原的东南部，降水丰沛，因而高山上也发育着海洋性冰川。在雅鲁藏布江大转弯附近的喜马拉雅山和念青唐古拉山东段，由于距印度洋近，西南季风沿河谷频频侵入高原，带来丰沛的降水。西藏东南的波密古乡地区，雪线附近的降水量每年可达3000毫米。根据在冰川上的实地观测，这些地区的冰川，不同深度冰层均接近0℃。由于补给丰富，冰体温度高，因而冰川运动速度快，它可以一直伸入森林地带。个别冰川甚至穿过山地针叶林，达到针阔混交林带。在冰舌末端表碛上，长着沙棘和水柏枝等灌丛植物，这在我国其他地区是看不到的现象。

冰川与大自然

冰川和气候

冰川是严寒气候的产物，但是冰川本身的存在，反过来又对气候产生较强烈的影响。

一、第二降水带

我们知道，山区降水的垂直分布，一般以中山带最高，山麓和高山都减低。许多山区的中山森林带也就是最大降水带。

我国的冰川和气象工作者，在祁连山、天山和喜马拉雅山都观测到高山冰川区，还存在着另一个最大降水带。为了与前者区别，我们把它叫作第二最大降水带（高山冰川带）。天山北坡有 2 个最大降水带，一个是中山森林带，另一个就是高山冰川带。

中山森林带降水多，是因为地形抬升迫使空气上升，上升空气逐渐冷却，水汽达到饱和状态，在一定高度上就形成丰沛的降水。降水增加为森林发育提供了有利条件，同时，森林的存在，植物蒸腾的水汽较多，反过来又促使此带的水汽容易达到饱和状态。

那么，为什么高山冰川上又出现第二最大降水带呢？

第二降水带出现原因还没有完全查清，肯定存在着的一个因素是冰雪下垫面的作用。高山冰川地区小气候观测表明，在相同高度上，冰川表面空气温度一般要比非冰川地面低 2℃左右，而湿度却高得多。温度低，湿度大，水汽容易饱和，从而有利于迅速形成降水。

因此，同一个山区，有冰川覆盖的山头，降水量要高于无冰川覆盖的山头。祁连山西段老虎沟冰川上，每上升 100 米，年降水量增加 15 毫米，而冰川以下降水随海拔高度增加不过 5 毫米/100 米。珠穆朗玛峰地区冰川上，也得出同样的规律。天山乌鲁木齐河源冰川上，这个规律表现得更为明显，冰川上降水量递增率达到 25 毫米/100 米，而冰川带与森林带之间，出现一个十分显著的马鞍形。

二、冰川气候

大陆冰盖对气候影响很大。

辽阔的南极冰盖是一个巨大的“冷源”，在那里形成一个稳定的高压中心。南极冰盖之冷实在惊人，1957 年在南极阿蒙德森—斯科特站，记录到的最低温度是 -74.5℃，在冷季有 17 次温度表下降到 -70℃以下。1958 年在南极某些地方，甚至记录到 -83℃和 -87.4℃的惊人数据。

我们知道，空气变冷就收缩而变得越重，这样形成下沉气流。南极中心的下沉气流向大陆四周散开，吹向海洋。而高空的气流则从四面吹向南极，使冷高压得以继续发展而保持稳定。南极的冷高压在夏天也不消失，而只是降低其强度。

强大的冷高压使南极洲地面的盛行风常保持为南风及东南风，风速离大陆中心愈远而愈大。尤其到冰盖边缘，由于冰面陡急，形成强大的下降风。在这些地方年平均风速可达 20 米/秒，以致阿德里地海岸有“世界风极”之称。

正是由于南极冷高压的常年存在，以及冰盖形成的高原地势（3000～4000 米），使气旋很难深入南极大陆，只是在大陆边缘徘徊。这种情况决定了雨量的分布。在南极冰盖，只有边缘有较多的降水，可达 300～500 毫米；至于中心降水量每年不过数十毫米，和撒哈拉沙漠差不多。

相形之下，海洋占据的北极情况要好得多。海面的冰阻挡不住海水向大气散热，而且海冰并未将北极海面完全封锁。海水是个天然的储热器，调节着周围的气候。北极最冷月平均温度还不到 -40℃，南极最冷月则要下降到 -50℃以下。正是这个缘故，北极的冷高压没有南极强，它到夏天就消失了，在6月北极区变为低压中心，一直维持到8月底。气旋活动经常达到北极，而南极这种例子则很少。北极锋上生成的气旋给欧亚大陆和北美洲北部带来较多的降水。可以设想，如果北极不是海洋，在那里存在着一个像南极一样的大冰盖，我们生活的北半球气候将会严酷得多。

山岳冰川规模不大，但它对气候的影响也是不可忽视的。上面提到的第二降水带是一个例子。另外一个明显的例子是冰川风。

由于冰雪覆盖的山头是个冷却中心，同样能形成稳定的下沉气流，紧贴冰川表面吹向下游。在傍晚它和山风叠加一起，风势特强，常超过10米/秒；白天则因谷风上吹而有所减弱。据在我国一些冰川上观测，凡长度在10千米以上的冰川，冰川风是昼夜不息的，主流线上的风速在白天亦常维持在4~5米/秒。冰川风带来的冷空气能在山谷中比较闭塞的地形部位停滞起来，造成局部的逆温现象。经常存在这种逆温现象，对植物生长有很大影响。因此在某些地方能看到山谷底部长着喜欢冷湿的冷杉林，山坡上反而生长喜暖的松树和一些阔叶树。冰川丰厚度不大，一般不过数百米，有时还能看到100米以上的云层向冰川上游移动。就是大陆冰盖上那种强大的冰川风也不厚，在离冰面数百米的上空，风速迅速减小，甚至呈静风状态。

三、古气候的档案库——冰盖

全球气候的变化，不仅涉及人们的日常生活和社会的发展，而且与人类的前途和命运休戚相关。因此，气候的问题，早已为世人瞩目。近年来，人们又议论着这样一个话题：全球的气候真的会变暖吗？南极大陆冰盖会因此而融化吗？要回答这一问题，也就是说，要预测未来的气候，必须了解过去气候的来龙去脉。

怎样才能知道过去的气候及其演化过程呢？人们自然会想到，要查阅和考证气候的历史资料。然而，世界上有记载的系统的气候资料，最长不超过100年。这在历史的长河中，不过是短暂的一瞬。用它来讨论古气候的变迁，远远不能满足需要。

正当气候学家感到为难和困惑的时候，冰川学家帮了很大的忙。

冰川学家在研究南极大陆冰川、测定冰盖的年龄及其形成的历史过程时发现，南极大陆冰盖不仅是研究冰川的极好场所，而且是一座巨大的宝库。它埋藏着许多古环境的资料，记录着几十万年以来气候变化的踪迹，是一座古气候的档案库。

从此，钻探冰盖，获取冰岩芯，提取古气候资料，复原古气候的工作，更加热闹起来。这是冰川学研究对气候研究的一大贡献，也是多种学科合作，进行综合性研究，解决全球性重大科学问题的一个范例。

钻探冰盖获得的冰岩芯，是冰川学研究和多种学科研究的极好材料。

冰岩芯是地质学家经常采用的一个专业术语，专指地质钻探时从岩层中取出的柱状样品。根据样品的种类和性质不同，又在岩芯样的基础上，衍生出冰岩芯（或叫冰芯）、雪岩芯和土壤岩芯等名称。冰岩芯专指钻探冰时获得的柱状样品。冰岩芯是用中间空的冰钻钻出来的，呈圆柱形，直径取决于冰钻内径的大小，一般为50～75毫米。长度不限，根据冰钻的长度和研究工作的需要而定。

钻取冰岩芯

冰钻是分节的，一般每节1米左右。钻探时，一节一节地套起来，即变成长达几米、几十米甚至几千米的冰钻。

用冰钻取得的冰岩芯，仍然原封不动地保存着样品在冰层中的性状和上下排列的顺序、层理，是科学研究的宝贵材料。

从冰钻中取冰岩芯时，必须十分小心，通常在钻孔周围铺上白色干净的塑料薄膜。用手拿取时，必须戴上白色干净的手套，慢慢取出。千万不能弄碎，绝对不能与手和其他东西直接接触，以防沾上杂质，污染样品。冰岩芯从冰钻取出后，立即分成数段，按顺序装入干净的塑料袋里，放在特制的容器中，运回实验室，置于－40℃～－25℃的冰箱中保存。需要时取出，在低温实验室里，将其切成小段，进行一系列的物理、化学分析，得出所需要的结果。

冰岩芯有许多用途。冰川学家用它分析研究冰川的特征、年龄及其形成历史等；环境科学家用它了解古环境的资料；气候学家用它提取古气候的资料；古生物学家用它分析其中的花粉和生物等。

冰岩芯不仅本身价值贵重，而且获得也不容易。要获得冰岩芯，特别是数千米的深层冰岩芯，要花费巨大的人力和物力。

四、钻探冰盖

南极大陆冰盖的钻探，开始于20世纪60年代。最初阶段，人们采用手摇冰钻，进度很慢，费了九牛二虎之力，才钻出十几米或几十米的一个孔。随着科学技术的发展，冰钻和钻探技术都在不断改进。现在采用现代化的电子机械钻探设备，10~20天之内，就可以钻出一口200米深的孔。

后来，前苏联、日本、英国、美国、澳大利亚和阿根廷等10多个国家，在南极冰盖的不同方位上，钻出了180多个不同深度的孔，取得了一系列冰岩芯样品。用这些冰岩芯，可以分析数万年到十几万年来气候的演变。

五、气温变化的记录

南极大陆冰盖是由积雪挤压而成的。由于气温低，积雪不融化，每年的积雪形成一层沉积物，盖在上一年的雪层上面。日积月累，年复一年，积雪终于像泥沙在海底或河湖底部的沉积形成岩石一样，形成厚厚的冰层。底部最老，顶部最新。夏季的雪比较疏松，颗粒粗；冬季的雪则反之。因此，表层挖出的雪坑和深层钻出的冰岩芯，都显示出冰雪层的层理结构。它们分冬夏两季交互沉积，每一层代表一年，就像树干的年轮一样。用这种直观的观察办法，可以辨认89米厚的冰层理，它代表了400多年的沉积。

用氧同位素法测定每一层的温度，就可知道当时的气温。

如果冰层再厚，肉眼就难以观察其层理了，冰层的年代也是用氧同位素法测定的。

氧同位素法是怎么一回事呢？

大家知道，水分子是由1个氧原子和2个氢原子构成的。但在自然界里，水总是含少量的氢同位素、氚和氧同位素。这些同位素的含量与气温有关，夏天温度高，同位素含量多；冬天温度低，同位素含量少。因此，利用夏、冬两季降雪中同位素含量的不同，可以确定冰的年层理，即相邻冰层之间，出现一次同位素起伏，代表一年。

确定了冰的层理和每层的年代后，就可以用氧同位素测定不同年代的气温了。今天南极的气温是已知的，今天南极降雪中的氧同位素的含量可以测出来。这样，把过去某一年冰层中的同位素的含量和今天的作比较，就可以知道当时的温度。如果冰层的同位素含量比较少，说明那年的温度低；同位素含量多，说明那年温度高。

同样，利用氧同位素的比例随深度变化的资料，可以解释过去气温随时间变化的趋势。

前苏联科学家利用这种方法，测定了东方站 2038 米的冰岩芯样，从中获得了 15 万年全球气温变化的资料，画出了一条气温变化曲线，为研究未来全球气候的变化提供了重要依据。

六、大气成分变化的记录

大气的主要成分是氮、氧、二氧化碳等。现在气候学家最关心大气中二氧化碳增加的问题。因为二氧化碳的增加，会产生“温室效应”，从而引起全球变暖的问题。

所谓“温室效应”，是大气中二氧化碳浓度增加，使地球的热量平衡失调的现象。也就是说，由于二氧化碳的屏蔽作用，阻留在地球大气层中的热量比散射到宇宙空间去的热量多。

二氧化碳的浓度越高，“温室效应”越大。当大气中二氧化碳浓度比现在增加 1 倍时，地球的温度要上升 2℃ ~3℃。地球的温度上升 2℃ ~3℃，南极地区的气温要上升 5℃，这是因为南极大陆冰盖和海冰的反射作用。如果真是这样的话，南极大陆冰盖就会开始融化，北极的海冰也会融化。北极冰融化，问题倒不太严重，而南极冰融化，问题可就大了，它将导致海水上涨，世界海平面要上升 60 米。这样，世界上许多城市就会变成水下“龙宫”。

大气中二氧化碳增加的原因，主要是煤、石油等燃料的燃烧放出的热量，有时也来自火山的喷发。具有“温室效应”的气体主要是二氧化碳，此外，还有二氧化氮、甲烷、氯氟甲烷等。

为了阐明大气中二氧化碳的变化规律及其与温度的关系，回答人们所担心的问题，必须从南极大陆冰盖获得历史资料。

人们采用分析历史上气温变化的方法，对冰岩芯中滞留的气泡进行分析，从而获得不同历史时期大气中二氧化碳的浓度。将其与现代的资料进行比较，获得二氧化碳变化的规律，然后，将已获得的温度变化资料与二氧化碳浓度资料进行比较，得出温度和二氧化碳浓度的关系。

冰岩芯分析结果表明，2000 年以前，大气中二氧化碳的浓度为 0.02%（按体积计算）。10000 年之前，曾发生过急剧的变化，但从未超过 0.03%，即 10000 年增加了不到 0.01%。而在这个时期内，温度却急剧升高。这说明，温度的升高和二氧化碳浓度没有明显的正相关关系。

直到公元 1800 年，大气中二氧化碳的浓度都在 0.028% 以下。近 200 年来，由于工业的发展和人类活动的结果，使大气中二氧化碳的浓度迅速增加，由 0.028% 上升到 0.034%。

显然，近代二氧化碳增加的趋势比历史上任何一个时期都明显，值得人们警惕，并应考虑对付的措施。但是，人们也不必过分担心南极冰盖融化的问题。大气中二氧化碳的浓度在近代 200 年才增加 0.006%，即 100 年增加 0.003%，即使按人们推测的那样，二氧化碳浓度比现在增加 1 倍，也就是增加到 0.068%，南极冰盖才开始融化，要增加到这个浓度，至少需要 1130 年。更何况二氧化碳浓度的增加和温度的升高，并不一定成正相关关系，这一点已由冰岩芯样的历史资料得到了证实。

此外，冰岩芯样还记录了古代大气污染的程度，这些结果可作为现代大气化学本底资料。虽然在冰芯样中也检测出甲烷，痕量金属如铅、锌、汞、钠，以及火山尘埃、花粉等，但总的看来，古代大气还是纯净的。

了解古气候的目的在于研究现代气候，推断未来气候。然而，用历史气候资料推断未来气候，只有当未来气候的变化趋势与历史演变相似时才能适应。

气候的变化是复杂的，它受若干因素的影响，这些因素之间又互相作用，互相影响，这就增加了推断未来气候的困难。

七、未来气候的变化主要因素

任何事物的变化都受内因和外因的支配，全球的气候演变，也是如此。

把地球和大气作为一个整体系统来看，大气本身也会自然地变化，如海洋与大气的相互作用引起的气候变化，地球和大气系统自身按一定规律变化等，这些属于内因。

影响气候变化的外因主要有气候辐射的强迫力和“温室效应”等。

气候变化的驱动力是太阳，太阳辐射到达地球后，70% ~80%被反射到太空，其余的被地球和大气吸收。吸收的辐射能应与反射能平衡，实际上，这种理想状态并不存在。由于某些因素的影响，破坏了这种平衡。如地球上大片的森林被破坏，土地沙漠化，改变了地球表面的反射率；又如海湾战争后连绵的油井大火与浓烟，严重地改变了海湾上空的大气成分，阻隔了太阳能向地表的辐射，破坏了辐射平衡。这些都是外因——气候辐射强迫力的作用。

影响气候变化的另一个外因是“温室效应”。大气中能引起“温室效应”的那些气体，如二氧化碳、水蒸气、甲烷、一氧化氮和氟氯烃等，叫作“温室气体”，它们能吸收太阳的长波辐射，然后，又把它们吸收的一部分重新反射回地面，从而使地面空气的温度升高。“温室气体”像温室的玻璃一样，既能吸收太阳辐射和地球表面的辐射，又能把吸收的辐射反射到地球表面。

自然，外因与内因之间，也会相互作用，南极大陆周围冰面积的变化，影响了太阳的反射率，从而强迫改变了太阳辐射平衡值。“温室气体”的增加，使气候变暖，促使南极大陆冰盖及其周围的冰消融，从而改变了地表状态。

可见，气候的变化和影响气候变化的因素都是非常复杂的，这就为预测气候的变化增加了难度。不管怎样，南极冰盖对气候的影响，不容忽视。

八、南极冰与全球气候

南极洲是一个冰雪世界，茫茫无际的冰海雪原，笼罩着南极大陆和海洋，形成了南极洲的独特气候：低温严寒，风暴频繁，雨量较少，瞬息万变。

纵观南极考察的全部历史，不难看出，南极洲的气象观测从未间断。南极洲对全球气候影响的研究倍受重视，获得的成果也十分显著。实际上，南极洲早已成为研究全球气候变化的重要地区。

南极大陆冰盖是地球上最大的冰盖，占世界总冰量的 90%。冰盖是地球上的主要冷源，它像一座巨大的冷凝器，安置在地球的最南端，冷却着从赤道来的热空气，调节着全球的热量平衡，影响着全球的气候。有人把南极洲称为“天气制造厂”，一点也不过分。

地球上的大气在川流不息地运动着、变化着，其流动的总趋势是从赤道流向两极，又从两极流向赤道，不断循环往复。

驱动全球大气循环的动力是太阳热能。太阳把热能送向大地，但大地接受到的太阳热能是不均匀的，赤道附近地区接受的热量多，温度高，两极接受的热量少，温度低。赤道和两极之间的温差可达 100℃！这是由于阳光照射时间长短的不同，光线角度大小的不同而形成的。赤道上空的大气受热膨胀上升，流向两极，在两极冷却下沉，再返回赤道，形成全球的大气环流。如果没有两极的温差，就不可能有大气环流。假如南极大陆冰盖融化了，全球的气候会变成什么样子，令人难以想象。

南极洲的气候既不是海洋性气候，也不是大陆性气候，它是一种独特的极地大陆冰气候。它的主要特点是低温严寒，无论是暖季和寒季，气温都比较低。整个南极大陆的年平均气温比北极低 12℃之多。

南极洲如此寒冷，大陆冰盖起着决定性作用。因为白皑皑的冰雪表面能把太阳光的绝大部分反射到宇宙空间中去，有人测定，冰盖能把到达地面的 90% 的太阳能反射回去。

南极大陆冰盖沿山坡向海边滑动，形成冰架和冰障；从冰架断裂入海的大陆冰，形成冰山。冰山的形成与消融，冰山的多少，都会影响南大洋的温度，也会导致热平衡系统的变化，从而影响全球气候。

九、海冰与气候

围绕南极大陆的南大洋，是世界上唯一完全环绕陆地而没有被任何大陆分开的大洋。它的面积为 7500 万平方千米，其海水的温度变化为 -1.8 ~ 10℃，它贮存的热量仅占世界各大洋所含总热量的 10%。这样一个巨大的低温水体，不用说对南半球，甚至对全球气候的影响，一定不会小。再加上海冰的影响，那就更是举足轻重了。

冬季，南大洋的结冰面积可达 2000 万平方千米，沿南极大陆边缘分布，比南极大陆的面积还要大。夏季，海冰的面积缩小为100万～300万平方千米，海冰又是一个巨大的冷源。

根据年平均资料，世界各大洋海冰的面积，约2300万平方千米，其中，北半球1200万平方千米，南半球1100万平方千米，这就是说，南大洋的海冰约占世界海冰总面积的50%。

南大洋海冰的面积，不仅有季节变化，而且有年际变化，这种变化对世界海洋的冰情产生一定影响，使整个世界海冰的面积10月份达最大值，2月份为最小值。显然，南大洋的海冰改变了南、北半球海冰反相变化的特点，使整个世界海洋海冰的变化趋势与南大洋一致起来。

海冰如何影响气候的变化呢？一般说来，通过3种方式：①海冰的隔绝作用和反射作用；②海冰影响海洋水文气象过程的作用；③海冰冻结与消融的作用。

大面积的海洋结冰时，海冰隔断了海洋与大气的直接接触，影响到海洋与大气的热量交换。同时，海冰表面将太阳的辐射热量反射回去，影响了辐射平衡。有人测定，海冰将85%以上的太阳辐射热反射到宇宙中去。

南大洋的海冰，通过水文气象过程，对全球产生深远影响。冬季，南大洋的海水结冰时，析出的盐分渗到冰下的海水中，使海水的盐度达最大值。这种盐度大的海水，温度低（－1℃～2℃）、密度大，不断沿大陆架下沉到深海，汇入流向赤道的深层环流。于是，形成了流向世界各大洋的南极底层水，最远可流到北半球。

另一方面，由于南极大陆强烈而寒冷的斜面下降风的作用，南大洋表层水的温度降到近于冰点，其密度远大于温带水。于是，向北流的表层水到达温带附近时，便沉入温带水体之下，这就是南大洋的中层水。

从南极大陆周围向北流的这两股水——底层水和中层水，流量很大，约为3400万吨/秒。这样，每年可向北输送约1000亿吨又冷又咸的南极水。假如这种海水的厚度为10米，那么它的面积则达1亿平方千米，相当于南极大陆面积的7倍。这样一股巨大冷水的输送，必将对南半球，甚至对全球的海洋与大气的热交换，产生相当大的影响，进而对气候产生几十年到几百年的影响。

海冰影响气候的另一种方式是，通过海冰的形成和消融，推迟季节的变化。南半球的秋季，大量海水结冰时，要释放出热量，使大气温度升高，推迟了寒冷季节的到来；春季，海冰消融时，要从大气中吸收热量，使大气的温度降低，推迟了暖季的到来。

由此可见，南极的大陆冰盖、海冰、海水和大气四者相互作用的结果，决定着南极地区的气候，调节着、影响着南半球和全球的气候。因此，南极地区被称为全球气候变化的敏感区和关键区。

是什么改变了地球面貌

从古到今，地球的面貌一直处在不断地改变的过程中。改变地球面貌的伟大力量之一，就是冰川作用。

一、冰川厚度

说起来会使人惊奇，陆地上一切河流、湖泊和地下水，其总量不过占陆地淡水总水量的 15%，其他 85% 的水却保存在冰川上。南极冰盖和格陵兰冰盖如果全部融化，地球上的海平面就会升高 90 米左右。那时，地球陆地面积将缩小 2000 多万平方千米。

陆地上这样大量的淡水是以冰川的方式存在着，因此，对于地球表面的作用，绝不能等闲视之。

为了说明冰川作用的巨大力量，我们先介绍一下冰川厚度的概念。

过去一般对山岳冰川的厚度估计不足，近年来由于普遍采用地球物理方法，获得了许多冰川厚度的新资料。喀喇昆仑山的厦呈冰川，最厚处是 950 米，截至目前为止，是已知山岳冰川中最厚的一条冰川。帕米尔高原的费德钦科冰川最厚处为 900 米。阿尔卑斯山的阿列奇冰川，最厚处为 792 米。喜马拉雅山南坡的绒布冰川，仅在冰舌以上 5 千米处，即厚达 300 米。

祁连山老虎沟 12 号冰川粒雪盆出口处为 150 米厚，“七一”冰川最厚 130 米，乌鲁木齐河源 1 号冰川最厚仅 86 米。不过这个公式的前提，是把冰川作为稳定的黏性流，但这一假定并不到处适用的。可能由于这个原因，我国现在已经获得的冰川厚度资料是过于偏小的。

大陆冰盖厚度极大。南极冰盖平均厚度是 2500 米，最大厚度 4200 米，比秦岭主峰太白山（4113 米）还要高出一头。格陵兰冰盖，平均厚度为 1500 米，最大厚度为 3411 米。如果冰的密度以 0.9 克/立方厘米计算，那么南极大陆冰厚 4200 米处的下伏地面受到 378 千克/平方厘米的垂直压力。这样强大的压力，加上冰川运动时的动压力，其威力是十分惊人的。怪不得不少人把南极洲叫作被冰块压坏了的大陆。

二、挖掘者

北欧的芬兰，称之为千湖之国，星星点点的湖泊，好像千万颗明珠，镶嵌在青山森林之中，风景如画。至于加拿大的湖泊，更是繁如星辰，多如牛毛。那么，这样多的湖泊，究竟是谁挖掘的呢？这些湖泊的挖掘者，不是流水，不是地壳变动，而是冰川。

冰川本身在重力和压力联合作用下发生流动，它的底部常常挟带许多冰碛石，因而流动的冰川就像锉刀那样，沿途侵蚀地面，挖掘出许多深槽和盆地。冰川退缩消亡后，这些深槽和盆地里的积水就成了大大小小的湖泊。从地图上看，芬兰和加拿大的湖泊，都呈扇形般展开，清晰地揭示了古代冰川流动的方向。湖盆大多呈长条形状，基岩面最深处常在水面数百米以下，有的甚至低于海面近 100 米，可见古代冰川侵蚀是何等的强烈。

有人计算过，斯堪的纳维亚半岛在大冰期中平均被挖去 25 米厚的岩层，岩屑总量可以填平现在的波罗的海和它周围的一切湖泊。

纳维亚半岛

北美洲的不列颠哥伦比亚和南阿拉斯加地区，古冰川向下的侵蚀量更是惊人，经过若干年的考察研究，有人认为冰川下切最深的地方达到 600 米。

山岳冰川在山谷中流动时，一方面向下刨蚀深挖，一方面又像锉刀似的向两侧拓宽。特别是冰川碰到突出的山咀时，经过长期锉蚀，能把山咀切平。这样，经过冰川作用的谷地，都成了比较顺直宽展的槽谷。由于多数槽谷的横剖面形状很像拉丁字母U，冰川学上称这种槽谷为U形谷。U形谷在纵剖面上由于冰川侵蚀力不均匀，往往出现台阶状，叫作冰阶，有些地方也能出现盆状，叫作冰盆。冰阶和冰盆常常是交替出现的。冰盆如果较深且多，就形成很为美观的串珠状湖泊，躺卧在槽谷中。

粒雪盆由于接纳周围山坡大量的补给，粒雪层和冰层的厚度很大，在流动过程中挖掘盆底，年深日久，能把盆底挖成名副其实的盆形（称为冰斗），使粒雪盆出口处反而高出盆底，形成冰坎。一般山谷冰川，往往爬上冰坎，才能看到白雪茫茫的粒雪盆。当冰川消失之后，这样的盆底就是一个冰斗湖泊。高山上常常可以见到冰斗湖，它们有规则地分布在某个高度上，代表着古冰川时代的雪线高度。

三、冰碛的力量

比起大陆冰盖，山岳冰川体积虽小，但它的侵蚀能力却不小，原因还在于它有个强有力的帮手，这个帮手叫作寒冻风化作用。

水冻结成冰，体积要增加9%左右。当融化的冰雪水在晚上重新在岩石裂缝里冻结时，对周围岩体施展着强大的侧压力，数值最高可达2吨/平方厘米。在这样强大的冻胀力面前，不少岩石都破裂了。寒冻风化作用不仅在山坡裸露的地方进行，在冰川底床也能进行。这是因为冰川底床有暂时的压力融水，融水渗入谷底岩石裂缝里，冻结时也产生强大的冻胀力。

寒冻风化作用不停地在山坡上和冰川底床制造松散的岩块碎屑，山坡上的碎屑在重力下滚落到冰川上，底床里的碎屑更容易被冰川挟带着一起流动。

冰川挟带的碎石岩块通称为冰碛。

冰川表面的岩石碎块称为表碛，冰川内部的叫内碛，冰川底部的叫底碛，冰川两侧的是侧碛。侧碛靠近山坡，碎石岩块的来源丰富，因而侧碛又高又大，像左右两道夹峙着冰川的巍巍城墙。到冰舌前端，两条侧碛大多交汇在一起，连成环形的终碛。终碛像高大的城堡，拱卫着冰川，攀登冰川的人，必须首先登临终碛，才能接近冰川。我国西部不少终碛高达200余米。并不是所有冰川都有终碛的，前进迅速和后退迅速的冰川都没有终碛，只有冰川在一个地方长期停顿时，才能造成高大的终碛。两条冰川汇合时，相邻的两条侧碛合为一条中碛。树枝状山谷冰川表面中碛很多，整个冰川呈现黑白相间的条带状。

冰碛是冰川搬运和堆积的主要物质，也是冰川改变地球面貌的证据之一。

四、冰融水的力量

冰川作用中，冰融水的力量不能忽视。不仅大陆冰盖有众多流长的冰下河道，山岳冰川也有冰下河道。

冰下河道日以继夜地输送着冰融水和冰水物质，在输送过程中，本身也有强大的侵蚀能力。在很多地方，发现冰下河道在冰川下能切穿冰阶和冰坎，形成峡谷。

冰川两侧的冰水河道，蚀、积力量很强，下切时造成边缘槽谷，沉积时造成冰砾阶地。祁连山老虎沟中就有比较明显的冰砾阶地。

由于冰碛在移动过程中与谷床摩擦，或冰碛相互摩擦，冰融水中含有许多粉沙和黏土级矿物颗粒，数量之多常使冰融水混浊如乳，因此叫作冰川乳。新疆有些地方叫阿克苏（维吾尔语“白水”之意），就是由附近乳白色的冰川河流得名的。不能小看冰川乳的输送能力，北美阿拉斯加南部的谬耳冰川，冰川乳每年输送出的细粒物质，相当于削去底床 1.9 厘米的深度。按此计算，1 万年就可使冰川底床下蚀 190 米。

海平面变化

《山海经》上有个“沧海桑田”的神话，说的是有个名叫麻姑的妇女，有人问她多大年纪，她说：“我自己也记不清了，但我可以告诉你，我曾经看见东海三次变为种桑树的田地。”这虽是一个神话故事，但是反映了自然界的真实变化。

一、海面变化

地球上气候转冷的时候，冰川的规模就增大，大量的水从海洋里转移到冰川上储存起来，这时，世界的海面就因此降低。海面降低，沿海的浅滩裸露出来，转变成陆地，经过开垦播种，就成为很肥沃的桑田。我国劳动人民具有高度的洞察力，极早以前就观察到海面是在不断变化的。

这种由冰川进退而引起的海面变化，幅度是较惊人的，可达 200 米左右。

第四纪冰期来临的时候，世界上的陆地面积比现在大得多。那时候，英伦三岛和欧洲联结在一起，整个北海是陆地。从北海底渔民们打捞出冰期中生活在那里的猛犸像骨骼和旧石器时代的石刀石斧，可作证明。现在的渤海、黄海和东海中的一大片海底在冰期时也是陆地。山东半岛以南到长江口以北，有一级低于海面 40 米的水下阶地，在浙江、福建一带浅海里，有一级 80 米的水下阶地，说明了冰期中水下阶地以上的浅海原是陆地。

大海变成桑田，桑田也可变成大海。由于冰期和间冰期的交替，世界洋面就这样反复地上升和下降，改变着海陆的轮廓。

20 世纪上半叶气候在全球均趋于变暖，冰川融化引起海面上升。1900～1950 年,海面上升了 6.1 厘米，相当于 440 万亿立方千米的水量从陆地转移到海洋中去。有人可能担心冰川消融完就会引起大海入侵，其实大可不必。占全球冰川面积总数 85% 以上的南极冰盖很稳定，它从第三纪以来就存在了，经历了数千万年。第四纪冰期和间冰期的更替，对它来说只引起幅度不及 10% 的变化而已。世界气候变化是冷与暖、干与湿的矛盾，是呈波状发展的。50 年代以来，全球气候又有变冷的趋势，如果这种趋势发展下去，冰川就会前进，海洋的水就会转移到陆地上来，世界洋面又会逐渐下降。

这种由冰川进退引起的海面变化，地质学上叫作“水动型”海面变化。与此对立的，是地壳升降运动造成的“陆动型”海面变化。

二、地壳升降

把地壳比喻成一只橘子的皮，也未尝不可。看来很硬的地壳在一定条件下会像橘子皮那样脆弱柔软的，只要有相当的压力施加其上，就会发生下沉。

美国西部科罗拉多河上，曾修了个水库，开始蓄水后，发现库区下沉，

6 年内竟下沉 13 厘米。

一个小小的水库，竟然在 6 年内压沉库区地壳 13 厘米，巨厚的冰盖会使地壳发生多大的变化，就可想而知了。南极周围的大陆棚海水深度比世界上哪个大陆棚都深，显然是南极冰盖压沉的结果。格陵兰是世界上第二个大冰盖，面积 172.6 万平方千米，地球物理测量发现一个很有趣的现象，中心部分冰层最厚的地方，恰好是下伏岩床最低的地方。冰盖边缘地面却相对高起。如果把格陵兰的冰盖拿掉，人们将会发现，原来这块岛屿，很像一只漂浮在海洋上的椭圆形盆。这是冰盖引起地壳下沉的最有说服力的例子。

那么地壳受压后为什么会下沉呢？

地球的表层是由较轻岩石（花岗岩、安山岩、玄武岩）组成的，通称硅铝岩石圈（其厚度为几千米到 80 千米不等）。硅铝岩石圈下是较致密的硅镁圈，硅镁圈因高温高压常处于黏性可塑状态，因而也叫作软流圈。岩石圈与软流圈的关系可简单地比喻为漂浮在沥青上的木块，如果施加压力于木块上，木块即下嵌到沥青上，压力解除，则木块自动上浮到原来的高度。当大冰盖挤压地壳时，地壳就像木块那样，下沉到软流圈里。如果冰盖消退，则地壳又会重新上升到原来的位置。

现在已经找到不少证据，说明地球上冰盖消失后，地壳逐渐上升的事实。欧洲北部斯堪的纳维亚半岛是第四纪冰川作用的中心之一，自最近一次冰期结束之后，近 1 万年时间里，地壳一直在抬升。由于地壳上升，波罗的海面积不断缩小。波的尼亚湾是古代大冰盖的中心，冰期时下沉最多，所以现在上升最大，目前每 100 年上升量为 90 厘米。芬兰南部每 100 年抬升量为 60 厘米。瑞典南部每 100 年只抬升 10 厘米，那是因为这里处在

波的尼亚湾

冰期时大冰盖的边缘。

地壳上升最明显的标志，是古海岸线抬升到陆地上不同的高度。在波的尼亚湾，最高古海岸线已高出海面 450 米，一些人认为那里还要上升 210 米，才能恢复到冰期前的原来状态。

北美洲的加拿大和美国北部，也是古冰盖所在的地方，所以从冰期之后也是在连续不断地上升。哈得孙湾是当年冰川作用的中心，现在那里的上升量最大，许多古海岸线已高出海面 420 米以上。人们预言，当由冰川引起的均衡运动完全恢复时，哈得孙湾和波的尼亚湾将不再存在。在欧洲，瑞典和芬兰将连成一片，丹麦附近的陆地将与斯堪的纳维亚半岛联结在一起，波罗的海将成为一个封闭的湖泊。

冰川融水

科学家早就注意到南极冰盖对整个地球的巨大影响。有人估计，南极冰盖全部融化成水，平铺在世界大洋的洋面上，能使整个地球的海平面上升 60 米。

这是怎么估算出来的？

南极冰盖的面积是 1200 万平方千米，相当于地球海洋面积的 1/32。因为冰的体积要比水的体积大，所以大约每融化 34 米厚的冰层，海面就要上升 1 米。以南极冰盖平均厚度 2 千米计算，全部融化以后，海水就会上升 60 米。如果海水上涨 60 米，它的结果真会是灾难性的：世界上几乎所有沿海港口都将被淹没，整个世界的面貌也将发生巨大变化。

还有另一个可能发生的变化。地球的外面是一层像鸡蛋壳似的外壳。地壳之下是具有一定可塑性的地幔。2000 多万立方千米的冰盖长期压在南极地壳上，势必造成南极地壳下沉。冰盖一旦消失，地壳还会慢慢地升上来。有人甚至计算过，它可能会上升 600 米。同时，南极大陆四周的大陆架也会相应上升。

科学家这样的猜测，当然并不是凭空瞎想。在过去的一两百万年的第四纪地质年代里，就曾多次发生过这种情况。那时候，北美北半部、欧亚大陆的北半部都积压着几千米厚的冰层。冰期过后，巨大的冰体融化成水，大陆又重新升起。据有的材料介绍，当时北欧最大的冰盖中心在斯堪的纳维亚半岛，冰盖融化后就开始上升，到现在已经抬升了200米。北美的最大冰盖中心也有大面积抬升，这种抬升到今天也没有完结。

我国西北广大地区，绿洲农田大部分依靠发源于高山冰雪带的大小河流，因此，人们把冰雪融水比喻为绿洲的命脉。

我国冰川大部分是大陆性冰川，消融的热源主要依靠太阳辐射热，其次是空气乱流交换热。冰川上以冰面消融为主，冰内和冰下消融数量甚微。

冰川上获得的热量，主要用于消融，蒸发耗热也占去一定比重。乌鲁木齐河源1号冰川上，蒸发耗热占去11.9%，慕士塔格山切尔干布拉克冰川占41.5%。蒸发耗热占的比重大了，就大大影响冰川消融。把1克0℃的冰融化为0℃的水，需耗热79.67卡（1卡约合4.18焦耳），而把同样的冰升华为水汽，则需用热量597卡。因此，我国冰川上蒸发耗热占去的比重偏大，就影响到消融深度不很大，这是大陆性冰川的消融特征。

冰川消融量可以在冰川表面用插杆进行测量，或者在冰川末端的融水河流中设立水文观测断面直接测验流量，但用后一种方法测到的水量中包括了测验断面上冰川两旁基岩山坡上的水量，因此一般要比前一种方法得到的消融值大。

我国冰川的消融深度，祁连山老虎沟12号冰川冰舌中部，在消融最强的1960年折合水层为1400毫米。乌鲁木齐河源1号冰川末端消融较多，但最大也不过2852毫米。比起阿尔卑斯山著名的海洋性冰川龙河冰川（年消融10000毫米以上），就显得很小了。

我国也有消融强烈的冰川。西藏波密和察隅地区的海洋性冰川，消融季节每天冰层可融去60～100毫米。阿扎冰川冰舌末端年消融深度可达8000毫米。冰川融水冲刷巨厚的冰碛松散物质，经常能形成险恶的冰川泥石流。天山汗腾格里峰附近的土耳其斯坦型冰川，消融也较强烈，年消融量超过3000毫米。这种冰川的冰下河流在冬天也不断流，说明冰内和冰下消融也较强盛，这是西北其他地区冰川没有的现象。

我国劳动人民，在数千年的生产实践中，深知冰川融水对农牧业的积极意义。西北地区的各族人民，都清楚是那雪山冰川融水，汇成了滚滚江河，灌溉着千里农田，万顷草原。

凡是冰川多的河流，冰川融水占的比例就大，流量也多。疏勒河、洪水坝河、木札尔特河和玉龙喀什河，上游冰川多，就是如此。这里说的仅是冰川直接融水，河冰和积雪尚未计算在内。

冰川融水对河流的影响还不限于径流的多少。冰川融水每年的变率不大，这对冰源河流的流量起着稳定的作用，有利于下游工农业用水。同时，冰川融水的变化恰好与降水变化相反，在干旱少雨年份，冰川融水大为增加，相对地缓和了旱情。例如1960年甘肃河西大旱，祁连山各冰川区夏季降水比1959年同期减少30%～40%。由于河西走廊各河上游冰川面积差异很大，因而冰源河流的优越性充分显示了出来。东部石羊河因冰川最少，流量减少58%；黑河次之，减少52%；而冰川最多的疏勒河，仅减少26%。

洪　峰

冰源河流的径流有明显的季节变化。冬季河流封冻，小河断流，大河靠地下水维持枯水期流量。春季河冰和中山带积雪融化，形成春汛。夏季冰川大量消融，降水也集中，形成全年最大的洪峰。

在春汛和夏汛之间，有一个水位低落的时期，大致在5月中旬以后。此时河冰和积雪融完，而高山上气温还低，冰川融水较少。这个时期正是农田灌溉需水殷切的时期，往往出现季节性的干旱缺水，这在新疆和甘肃河西是较普遍的问题。因此，控制冰源河流，人工调节水量，是我国西北不少地区实现稳产高产的重要措施。修建水库是解决冰源河流季节性缺水的主要办法，在条件较好或特别干旱的年份，融冰化雪也是有效的措施。

冰川的奥妙

冰川摇篮

在你不了解冰川之前，很难想象冰川是由积雪变成的。

按照一般人的想法，冰川，就是冰的河流，冬天河流结冰了，就变成冰川。1982 年底北京有一家报纸刊登了一幅东北松花江的冬景照片，照片下的文字说明是：冬天的松花江，是一条巨大的冰川。这样的说明，一般的读者看不出破绽，却叫科学家啼笑皆非。因为松花江上的冰是河冰，根本不是冰川。

在格陵兰，在南极洲，在高山上，即使是赤日炎炎的夏天，那里也不会有雨水，而是经常大雪纷飞，根本不可能有水冻结成冰川。因为那里寒冷，天空中的水汽，还没有来得及凝结成雨滴，早已经凝华成雪花冰晶了。

宋朝著名诗人苏东坡说：“我欲乘风归去，又恐琼楼玉宇，高处不胜寒。”

这“高处不胜寒”，说出了自然地理学上的一条重要自然规律。原来在我们地球上，海拔高度每升高 100 米，空气的温度就要下降 0.6℃左右。这个规律，叫作气温垂直递减率。

物理学上有个实验告诉我们，膨胀能够导致冷却。只要你留意，生活中也能找到膨胀导致冷却的例子。如果你家里烧的是“液化石油气”，不妨注意一下，每当液化气钢瓶灌足气的时候，旋开瓶塞点火做饭，不一会，就会看到连接瓶口的减压阀上出汗了，甚至有时出现白霜。用手一摸，啊呀，冰冷冰冷的，怪不得空气中的水汽在减压阀上凝结成水滴或霜花了。自行车胎打足了气，突然把气放掉，车胎上的气芯，也是冰冷冰冷的。

在我们生活的地球上，越往高处，空气稀薄，气压降低。因此，当地球上低层空气向高空抬升的时候，空气就会膨胀。空气膨胀的结果，使大气温度随着海拔高度上升而逐渐下降。从理论上计算，倘使空气非常干燥的话，海拔每升高 100 米，气温要下降 1℃。但是空气中或多或少总是有水汽存在的，这些水汽遇冷后会凝结，释放出潜热来，相对缓和了温度下降的速率。因此，气温随高度实际下降的数字，就停留在平均 0.6℃左右了。

现在你可以计算一下，假如你生活在东南沿海一带的海平面附近，即使是盛夏酷暑，平均气温高到 35℃，如果这时珠穆朗玛峰或者贡嘎山，就像神话里说的飞来峰一样，突然移到你的家门口，会发生如何的情景呢？山上照常是白雪皑皑，冰川四溢。

由于这个缘故，即使是在烈日如火的赤道上，高山顶上照样可以出现披雪盖冰的景象。假如你有机会到非洲去，非洲的最高峰乞力马扎罗山，尽管它地处赤道附近，山顶依然银装素裹。

这样，地球上出现了雪线。

如果山体的高度超过了那个地方的雪线高度时，那么，每年便会有多余的积雪积累起来，天长日久，那里就会出现冰川。

乞力马扎罗山

冰川是由积雪变化而来的明显证据，是冰川冰里含有大量高压气泡。如果把冰川冰放在饮料杯里，会像汽水那样噼啪作响。原来，冰川冰里，含有不少高压小气泡。这些肉眼不容易看清楚的小气泡，是积雪里的空气，在成冰过程中来不及排出而被封闭在冰中的。

有人在北大西洋上航行时，曾经看到一座冰山，突然发出一阵爆裂声。接着，冰山崩裂成一些大大小小的碎冰块，还劈里啪啦响个不停，简直像是在放鞭炮。这是冰山里的高压气泡，受热后发生爆炸而引起的奇观。

你如果在冰川上过夜，在夜深人静时，可以听到一种微弱的，然而是不间断的碎裂声，仿佛冰川在呼吸，在叹息。这也是冰中气泡碎裂时发出的声响。

冰川冰的年龄越大，冰中的气泡体积越小，气泡的压力就越大，有时甚至能达到8～10个标准大气压（1标准大气压约合101.32千帕）。这样的高压气泡爆炸的时候，声音可不比爆竹差呀。

由水冻结的冰里，是不会有这样的高压气泡的。高压气泡的存在，从侧面很好地证明了，冰川冰是由积雪演变过来的。

那么，一朵朵美丽的雪花，它们是怎样变成晶莹的冰川冰的呢？

在雪线以上的区域，从天空中翩翩降落的雪花和从山坡上滑落下来的积雪，很容易在凹地里聚集起来。这种凹地的形状，一般都像个大盆子，所以冰川学上把它叫作粒雪盆。

粒雪盆是冰川的摇篮。积雪就是在这个摇篮里，逐渐变成冰川冰的。冰川就是在这个摇篮里，逐渐长大成才的。

自然界中，小自基本粒子，大到太阳宇宙，时时刻刻处于千变万化之中。雪花落地后，为了适应新的环境，开始了一系列的变化。不知你注意过没有，如果在冬天，你把积雪捏成一个雪球，经过一段时间之后，你的雪球会变成一摊松散的圆鼓鼓的颗粒状的雪粒，这种雪粒，冰川学上有一个专有名词，叫作粒雪。从雪花变成粒雪，这个过程叫作自动圆化。

雪花为什么会自动圆化呢？

世界上任何事物，都希望自己能在地球上站稳脚跟，雪花也不例外。雪花的晶体，为了使自己内部的能量达到最大限度的稳定，必须要求自己所包含的自由能达到最小最小的程度。晶体的自由能主要是它的表面能，表面能的大小是与晶体的表面积成正比的。各种各样的几何形体中，什么形状的表面积最小呢？球体的表面积最小。因此，球体的自由能也显得最小，最稳定。雪花晶体要想在积雪内部达到最理想的稳定状态，就必须圆化。

因此，聚集在粒雪盆里的积雪，过不了多久，会在粒雪盆里变成颗粒状的粒雪。刚开始变成的粒雪，像白砂糖一样细，叫作细粒雪。细粒雪之间，大鱼吃小鱼，互相并合，逐渐又会变成像黄豆一般大小的粗粒雪。

现在你大概明白了，粒雪盆，就是盛放粒雪的大盆子。在这些盛放粒雪的大盆子里，表面很厚很厚的一层，全是大大小小粗粗细细的粒雪。它们数量之多，超出一般人的想象能力。在一些大的高山冰川上，曾经见到过几十米厚的粒雪层，挖呀挖呀，很难挖到冰层。而在南极大冰盖上，甚至见到有200米厚的粒雪层。

请你想一想，上百米厚的雪层压在身上，会有多大的力量。电线上积雪多了，会压折电线。树枝上积雪厚了，会压断枝桠。甚至房屋的屋顶盖得单薄些，稍厚的积雪也会压塌屋顶。我们暂且把粒雪层的比重平均算作0.5克/立方厘米，那么在雪层50米深处，那里的粒雪每平方米面积上所承受的压力，足足有25吨重。100米深处呢？有50吨重。

由于这个缘故，粒雪层底层的粒雪，经常受着上层粒雪的压力。这种持续不断的压力，促使底层的粒雪，发生缓慢的沉降压实，密度越来越大。同时，在粒雪层表面，有时会产生轻微的融化现象，融化的液态水通过粒雪间的空隙下渗到底层，并冻结起来，使粒雪间的空隙越来越少，并堵塞了一些通道。被堵塞在里面的空气就成为气泡。当然，这个过程说说用不了几分钟时间，但在粒雪盆里却需要几年、几十年，甚至几百年的时间才能完成。经过这样漫长岁月的挤压，最下层的粒雪，才会逐渐演变成粒雪冰。

粒雪冰是粒雪演变到冰川冰的过渡阶段，它还不能说是冰川冰。粒雪冰里，含有较多较大的气泡，看起来颜色苍白，也不太透明，因此也有人把它叫作白冰。它虽然不是冰川冰，但是毕竟已经跨出了飞跃的一步，临近冰川冰的门槛了。

粒雪冰继续受到挤压，能排出一部分气泡。同时，残存在冰体内的气泡，体积被压缩得更小，肉眼几乎看不出来。直到它变成接近透明的略带浅蓝色的冰体时，它才是真正的冰川冰。

冰川冰的年龄越老，冰体越显得灿烂清澈。在格陵兰和南极，有年龄几十万岁的冰川冰。见过这种冰川冰的人，无不感到是一种至高无上的艺术享受，因为它的颜色，是世界上最美丽的一种颜色，即使是水晶，也在它面前黯然失色。

粒雪在粒雪盆里变成冰川冰后，当冰体的数量达到一定程度时，还会慢慢走路，形成会流动的冰川。

流动的冰川

在一般人的眼里，一条条冰川，似乎是纹丝不动的。

其实，这不过是人们的一种错觉。要是粒雪盆里的冰川冰，不是经常不断地向下发生塑性流动的话，那么，冰川的厚度早就超过珠穆朗玛峰了，地球上的最高点，很难知道会出现在哪里。幸亏冰川冰是会发生塑性流动的，它一面积累，一面又流走，才使今天的人们，能够攀登高山，能够在极地建立科学基地。

然而，人们知道冰川是会流动的，不过是100多年前的事。

欧洲有座著名的阿尔卑斯山，山区的村民们纯朴可爱。他们有一种采“高山玫瑰”的古老风俗。高山玫瑰是生长在雪线附近的一种美丽鲜艳的野花，一般很难采到。但是，当小伙子向心爱的姑娘求爱时，为了表示自己对爱情的忠诚，冒着各种危险，到雪线附近去采高山玫瑰，献给自己心上的人儿。19世纪初，有几位年轻人相约去采集那珍贵的野花，不幸在粒雪盆里被雪崩掩埋了，连尸体也无法找到。当时有个研究冰川的学者刚好在那里工作，他推测说，过40年后，这几位不幸者的尸体将会在冰川末端出现，到那时再收尸吧。人们不相信，都嘲笑这位学者多喝了几盅酒，在说诳话。然而，43年后，果然在冰川末端，出现了那几个不幸者的尸体，有个小伙子手里还紧紧握着一束高山玫瑰。

红雪莲和高山玫瑰

是谁把尸体从粒雪盆里，悄悄搬运到冰川末端的呢？

是冰川。

原来，尸体被雪崩掩埋后，他们周围的积雪，在粒雪盆里变成了冰川冰。冰川冰会在上部冰雪层的压力和重力联合作用下，不断地向下游作塑性流动。这很像盆子里的面团，如果你连续不断地向盆子中心增加面团，总有一个时刻，盆子底部的面团会向盆子边缘溢出来。因此，粒雪盆里不断地被挤出冰川冰，冰川冰也就持续不断地处在运动状态中。冰川在流动过程里，把尸体捎带着移到冰川末端了。庆幸这是条不大的冰川，从积雪变成冰川冰再流到冰川末端，完成这样一个周期只用了 40 多年时间。如果那几个不幸者遇到一条大冰川，那么在冰川末端收尸的，将会是他们兄长们的孙子或者曾孙了。

流动，是冰川生命活动的动力。

假如冰川不会流动，对于我们的世界，将会是一场大灾难。你可以想象一下，如果地球上的水，逐渐变成冰雪，在雪线以上的地区，堆积得比珠穆朗玛峰还高，人们不能登攀还只是一件小事，而得不到合理的水源才是件头等大事呢。在那个时候，地球上将会没有江河湖海，没有水生生物，工厂不会冒烟，田野没有绿色。兴许你会不服气地说，天上不是还有雨水吗？如果地球上没有了江河湖海，没有了绿色植物，哪里还有水汽去布云下雨呢？

幸亏冰川是会流动的，它使地球免去一场灾祸，基本上保持了水体的平衡。

每一条发育成熟的冰川，都可以分为粒雪盆和冰舌两个部分。雪线以上的粒雪盆，是冰川的积累区，它不断地吃进积雪，孕育出冰川冰，源源不断越过粒雪盆边缘的冰坎，补充到雪线以下的冰舌上去。冰舌是冰川的消融区，它的融水构成了大河的最初水流。这两个部分，好像是一架天平的两端，共同控制了冰川的生命，雪线正好相当于天平的支点。

那么，冰川为什么会流动呢？它不是固体吗？

是的，它是固体。一般来说，固体的东西是很难流动的。但是你不要忘了，冰川是由积雪演变过来的，冰川冰的冰晶结构，很近似于颗粒状的粒雪。冰川冰的晶体与晶体之间的空隙里，还存在着一层薄得难以察觉的液态水。也就是说，每个冰川冰的晶体，是被一层液态水包裹着的。因此，冰川冰本身就经常处在塑性流动的状态中。

冰川流动起来有些与水流相似，中间快，两边慢。倘若在冰川上横向插一排花杆，几个月后，就可以看见，中间的花杆远远跑到前面去了。本来是一条直线的花杆连线，这时候变成一根弧线。

冰川还会像水流那样，在地形阻塞的地方，出现涡旋。冰川涡旋的花纹，非常美丽，很像海滩上拾到的贝壳的花纹。

当然，冰川毕竟是固体。它不可能像水流那样，让人一眼就能看出在流动。它的流动速度，比蜗牛还慢，人的眼睛是无法察觉的。以致不少人以为它是不会流动的。

1840 年 8 月，瑞士科学家阿加西斯在阿尔卑斯山的老鹰冰川上，修建了一座冰上小屋。这座小屋共有 2 间，一间是卧室，一间是厨房。阿加西斯风趣地把它命名为“纳沙泰尔人旅馆”。建造这座冰上小屋的时候，它的地基离开阿布什翁角的距离是 797 米。但到 1842 年阿加西斯再次来到老鹰冰川居住时，却发现它与阿布什翁角的路程，变成 943 米了。这就是说，不到 2 年时间，纳沙泰尔人旅馆跟着冰川，向下游移动了 146 米。

无独有偶，80 多年后的 1927 年，有个名叫秀基的地质学家，也在这条老鹰冰川上，修筑了一座用石头砌成的小屋。当然，当年阿加西斯的冰上小屋，早已随着冰川的流动，到达了冰川前端，倾覆在冰碛上，无法辨认它昔日的风貌了。13 年后，秀基再次去看望他的石砌小屋时，发现小屋已经离开原来的地方，跟着它的地基——冰川，向下游流动了 1428 米。

阿尔卑斯山的冰川，平均年流动速度，在 100 米左右。你是不是感到，它们比小脚女人还要走得慢？的确，即使是莲步轻移，恐怕一年移动的距离，也会远远超过这个数字。但是，阿尔卑斯山的冰川，在冰川流动的越野赛中，还不是跑得最慢的——我国天山、祁连山的冰川，由于深居内陆，气温低，降雪少，它们才走得慢呢，一年很少有超过 30 米的纪录的。我国西部高山上的大陆性冰川，都走得很慢很慢，一直在每年 30 ~ 100 米之间徘徊。即使是大陆性冰川里面的佼佼者，珠穆朗玛峰下的绒布冰川，1966 ~ 1968 年间的测量数据，在它冰舌中段海拔 5520 米的地方，1 年流动的距离也不过是 117 米。

当然，我国的海洋性冰川上，就又是另一回事了。它们虽然也是莲步轻移，但已属于“较快级”了。比如说贡嘎山的海螺沟冰川，年流动速度已达到200米。“较快级”的冠军，恐怕要数念青唐古拉山的阿扎冰川了，它创造了年流速300米的我国纪录。

冰川流动速度居世界第一的，是格陵兰岛上的一些冰川，其中有条冰流，已经创造出年流动1700米的世界纪录，至今还没有谁能打破这项纪录。

冰川流动速度总的来说是比较缓慢的。但是有些冰川，它们会在长期莲步轻移之后，突然脾气急躁起来，像惊马一样，一下子向前猛然推进。

19世纪初，有两位年轻的美国冰川学家，首先发现阿拉斯加南部的冰川湾里，有9条脾气古怪的冰川。它们不是正常地莲步轻移，而是停停跳跳，弄得人简直莫名其妙。其中有一条名叫伦杜的冰川，长17千米，在1908年，突然爆发式向前跃进2545米。

这种脾气古怪的冰川，喀喇昆仑山里也有。1935年，喀喇昆仑山的阿克塔希冰川，在7个月里，就突然推进了2500米。

或许是由于这些冰川地处荒无人烟的山谷，它们脾气古怪一些，并没有引起人们的注意。但是不久，阿拉斯加的黑激流冰川在世界新闻上大嚷大闹，人们就对它们刮目相看了。

阿拉斯加中部费尔班克斯城和太平洋海岸苏厄德城之间，有一条公路干线，这条干线的上方，有一条名叫黑激流的冰川。1936年冬天刚刚来临的当儿，住在公路旁边的居民列维尔一家，听到黑激流冰川方向，有隆隆的响声传来，好像坦克压碎冰层的声音。坦克怎么会开到冰川上去呢？10月3日，列维尔的妻子好奇地用望远镜想看个究竟。她从望远镜里发现，7千米外的黑激流冰川，冰舌前面横七竖八地出现一垛由碎冰块组成的冰崖，正在缓缓向前移动。以后，冰川推动冰崖移动的速度加快了。冰川撞击冰床伴随着冰裂的声响，把列维尔家的房子玻璃震得发响，大地也似乎在颤动。黑激流冰川向前推动最快时，每天达到60米的距离，创造了当时所知的这类冰川前进的世界纪录。因为这样，这条默默无闻的冰川，一下子竟吸引了世界各地新闻界的注意。报纸上成篇累牍地刊登黑激流冰川推进的惊人消息，好像发布某位国家元首的病情公报一样。而且有人预言，黑激流冰川总会有一天，推进到公路干线上，破坏公路，摧毁桥梁，引起人们一片恐慌。后来，总算谢天谢地，黑激流冰川只跟人们开了一个大玩笑后，在离公路 800 米的地方停了下来，再也没有力气继续蠕动了。1937 年 2 月，一场虚惊才告结束。

就在黑激流冰川震惊世界新闻后的第二年，挪威极地研究所的飞行员发现，北极海域斯匹次卑尔根群岛上的东冰盖南端，出现了一条非常惊人的新冰川。这条冰川后来被命名为“快速生长的冰川”。它的确生长得极快，在 3 年时间里，它长了 21 千米，冰舌一直伸向海洋，占据海洋的面积达到 500 平方千米，成为一个漂浮在海面上的巨大的漂浮冰舌。其实，它不是一条快速生长的新冰川，而仅仅是从东冰盖的南支冰流上流出的一股冰流，突然爆发式向前推进 21 千米罢了。这是迄今所知冰川爆发式推进距离最远的一条冰川。

黑激流冰川所创造的日进 60 米的世界纪录，16 年后也被另一条冰川打破了。

1953 年 3 月 21 日，喀喇昆仑山南坡的斯塔克河源头，有一条名叫库西亚的冰川，突然脾气急躁起来，像一匹挣脱了缰绳的烈性野马，一溜烟地直向下游跑去，形成一条 1000 多米宽的庞大冰流，无情地摧毁了斯塔克河谷里苍翠的森林、肥沃的耕地和村庄。到 6 月 11 日止，在不到 3 个月的时间里，库西亚冰川前进了 12 千米，平均每天前进 145 米，每小时 6 米。

现在初步知道，全世界大约有 300 条冰川出现过爆发式前进的现象。为了与那些流动速度正常的冰川有所区别，人们把这类冰川，叫作跃动冰川。也有人把它们叫做波动冰川、飞跑冰川，或者叫灾难性冰川。

的确，在冰川大家庭里，只有这种跃动冰川，给人类带来灾祸。

那条保持着世界纪录的库西亚冰川摧毁耕地和村庄的悲惨故事，并不是史无前例的。

奥地利阿尔卑斯山的提罗尔地区，有条维也纳冰川，大概平均每隔 82 年，便要跃动一次，发一下难。每次发难的距离并不长，仅仅 2 千米而已。但它每次发难，就抵达海拔 2110 米的罗芬谷地，在那里封闭了罗芬谷地的上游，迫使河水堵塞，形成一个临时性的冰川阻塞湖。1600 年 7 月 20 日，维也纳冰川跃动到罗芬谷地后，又形成了宽广的罗芬临时冰湖。就在这天，罗芬冰湖突然溃决，汹涌的湖水席卷了下游的欧兹妥镇。

类似的例子在我国也发生过。

我国与锡金交界的地方，有个湖泊，名叫取比下马湖。湖长450米，宽100多米，湖面海拔4560米。1940年7月10日夜间，取比下马湖岸上的冰川突然发生跃动，有一段冰舌滑落到湖里，使湖水猛然暴涨，形成强大的冲击波击溃了湖堤。于是500多万立方米湖水立即涌入下游河谷，在亚东下司马附近，水位上涨5米，河水漫堤进街，冲倒了一些房屋。

发源在喜马拉雅山北麓的年楚河，是雅鲁藏布江的支流。这是一条平静富饶的河流，沿岸农田栉比，水草丰美，一派田园风光。1954年夏天，河水出人意料地突然暴涨，几乎使江孜、日喀则一带泛滥成灾。原来，在年楚河的上游，有一个叫桑旺的湖泊，这年7月间，天气异常闷热，使桑旺湖后壁上的2条冰川，突然发生跃动，滑入湖内，致使湖堤溃决，闯下大祸。

看来，某些冰川产生跃动的现象，是冰川运动的一种特殊方式了。

冰川流动

为什么一些冰川，会产生这种比较特殊的运动方式呢？

多数学者认为，当冰川上游某一部分冰的积累量增大到一定程度，超过冰的强度极限时，冰川运动的方式，就会由一般的塑性流动，突然转变为快速的块状滑动，以便能够在比较短的时间内，迅速解除掉积累在冰体内的应力。这样，就导致了冰川爆发式向前推进。当冰体内的应力消减到正常状态时，跃动就会自己停止，冰川恢复正常状态。

冰川是大河的母亲

不管冰川莲步轻移也好，突然跃动也好，兴许你的脑子里会闪出一个念头：冰川这样不停地流动着，不是总有一天，它们会淹没平原，淹没海洋吗？

如果冰川不会融化，这个念头显得倒是不错的。可是，冰川很像我们人体一样，是有生命活动的。它不断地从粒雪盆里吃进冰雪，通过消化道——不停地流动，然后从雪线以下的冰舌上，逐渐排泄出液态水来，汇入江河。

冰川排泄液态水的过程，叫作消融。

把1克0℃的冰，融化成为0℃的水，需要消耗热量79.67卡。这些热量，可以把同样重量的0℃的水，升温到79.67℃。因此，融化冰川需要消耗大量的热量。

人们喜欢用冰霜来形容冷。一提起冰，自然而然就想到冷。冰川，既然是巨大的冰体，一定是冷得够呛吧？那么，它从哪儿能获得热量来融化自己呢？

这倒不必我们为它过分操心，能够促使冰川消融的热量来源，还是不少的。

一个热量来源，是太阳辐射热。

恐怕你有一种错觉，以为冰川地区的太阳是不会很热的。恰恰相反，高山冰川地区所得到的太阳辐射热，要比同纬度的平原地带多一些。因为高山空气稀薄而干燥，加上大气层较平原薄，阳光透过时被削弱较少。

既然高山比平原得到的太阳辐射热要多一些，那又为什么“高处不胜寒”呢？

说起来地球上有那么多高山高原，但是海拔4000米以上的高山高原，只占地球表面积的16/1000。这些高地不过像飘浮在自由大气里的一些小岛，尽管小岛大气透明度好，得到太阳的热量也多一些，但很快与周围空气进行热交换而散失掉了。结果，小岛多得到的一些热量，仍旧改变不了“高处不胜寒”的规律。

而且，辐射到高山冰川上的太阳辐射热，很大一部分被冰雪反射回去了。假如照到冰川上的太阳辐射热全部被冰川吸收的话，那么冰川就会为江河提供更多的水量，世界上不少江河就会泛滥成灾。幸亏冰雪面的反射率很大，雪面反射率是50%～95%，冰面反射率是30%～60%，这样，使得冰川能够自我保护，不至于融化得太快。

另一个热量来源，是冰川与周围空气交换到的热量。

空气里有水汽，水汽遇到冰川，会产生凝结现象。1克水汽凝结时，会释放出597卡的潜热，这些热量差不多能使7.5倍的冰融化成水。

再有一个热量来源，是我们地球本身的地热。

你看，有这么多形形色色的热源包围着冰川，你还操心它不会消融吗？事实上，冰川经常处在消融状态之中。

冰川的消融方式，可以分为冰下消融和冰面消融两种。冰下消融一年四季都在不断进行。冰面消融只是在温度达到0℃以上时进行。

我们的地壳，经常不断地向冰川底床输送热量。这点热量对于我们的感觉来说，是太微不足道了。可不是吗，有谁能感觉到我们脚底下的地壳，在向你身上输送热量呢？然而，科学家计算了一下后宣布说，地壳的热量输送，一年能融化掉压在它身上的6.5毫米的冰层。当然，6.5毫米，还不够一根冰棍厚度的1/3。这么一丁点儿冰层，算得了啥？但请你计算一下，地球上的冰川面积共有1550多万平方千米，仅冰下消融一项，一年就能融化掉980多亿立方米的冰川冰呢。冰川冰的平均密度是0.9克/立方厘米，也就是说，冰下消融1年向河流吐出的水量，达到882亿立方米。这些水量，相当于1470个十三陵水库的蓄水量。

至于冰面消融，这个数字就更惊人了。全世界冰川表面，每年的平均自然消融量，有200毫米水柱。这些水量，相当于100多条黄河一年流入大海的水量，相当于地球上所有江河现存水量的3倍。这可不算少了吧。

当然，全世界的冰川，由于气候条件和地形条件的差异，冰川消融的数量差别很大。有的地方1年之内消融掉1万多毫米的冰层，有的地方却很少消融。

我国的冰川，消融情况属于一般。祁连山里最长的一条山谷冰川，名叫老虎沟冰川，它长10千米，每年在冰舌中段消融掉的冰层，大约有1400毫米。在新疆乌鲁木齐河源，有一条冰川，冰舌末端每年消融掉的冰层，大约有2850毫米。一般说来，我国大陆性冰川上，冰舌末端每年的消融量，徘徊在1500~3000毫米这个范围里。

我国也有消融强烈的冰川。比方说那条夺得冰川流动速度全国冠军的阿扎冰川，在它的冰舌末端，每年消融掉的冰层，有8000毫米左右。

南极冰盖上的消融量，恐怕是最少的。在它的中心地带，几乎没有消融。尽管如此，中心地带的冰层并没有增厚，因为冰川大家庭里的这位头号巨人，生命力不减当年，还是不停地运动着，把冰盖中心的冰川冰，输送到边缘地带去消融。而且，在边缘地带来不及消融的冰量，它采用了另一种特殊的机械消融的形式，这就是把大块大块的冰，以冰山的方式，抛到海洋里去，让海水帮助它消融。

地球上消融最厉害的冰川，要数喀喇昆仑山南坡和阿尔卑斯山的一些冰川了，它们常常闯过年消融冰层 1 万毫米的大关。就拿阿尔卑斯山来说吧，有条名叫罗尼的冰川，它的末端下伸到海拔 1800 米的地方，因此冰舌上消融强烈，曾经测量到年消融 14080 毫米冰层的巨大数字。但是很遗憾，金牌尚且不能挂在罗尼冰川的脖子上。中亚山地八大冰川之一的巴托拉冰川，毫无愧色地夺走了金牌。在巴托拉冰川末端，曾经测量到年消融冰层为 18400 毫米的惊人数字。

粒米成箩，滴水成河，千百条冰川的融水，汇集成了滔滔大河。远的不说，就拿我国的长江、黄河、雅鲁藏布江、怒江、澜沧江和我国最长的内陆河流塔里木河来说吧，它们的源头，都在冰川上。所以有人说，冰川是大河的母亲，它挤出了众多的乳汁，养育了大河。

塔里木河

这样说似乎有些抽象，还是让我们说得具体一些吧。

河西走廊西部有条著名的疏勒河。从前河水流量大的时候，它一直流到罗布泊里。可惜现在它不知不觉地消失在戈壁滩上了。但是沿着疏勒河故道，还是可以走到罗布泊，丝绸之路中的一段路程，还借道过疏勒故道呢。疏勒河发源在祁连山里，有 733 条冰川的融水，源源不断地流入它的怀抱。它的最初水流，是从疏勒南山北坡的姜巴尕尔当冰川上流出来的。姜巴尕尔当冰川，长 8.8 千米，面积达 19 平方千米，是祁连山名列第四的大冰川。

西藏高原上享有“天河”之称的雅鲁藏布江，是世界上海拔最高的河流。喜马拉雅山北坡和冈底斯山、念青唐古拉山南坡那些著名的大冰川的融水，像葵花向阳百川归海似的一齐涌向它。这条河流的最初水流，是从喜马拉雅山的杰马央宗冰川上流出来的。

世界第三大河——滚滚万里的长江，它的最初水流，也是从冰川上流出来的。这句话说起来很轻巧，但是穷其源，获得这样一个结论，却经历了漫长的历史过程。

长 江

我国古籍《博物志》上有一个神话故事，说有人驾了一艘小船出海，航行几十天后，见到一座金碧辉煌的水上宫殿，上岸一打听，才知道这里是天河。传说长江的水就是从天河里流出来的。

在藏族同胞中也流传有一个故事，说在很久很久以前，从天上降下一头神牛，它偃卧在草原上，两个鼻孔里不停地流水，交汇成一条河流，这就是长江。

长江源远流长，人们对它的面目一时很难认识清楚，用一些美丽的神话故事来解释它，是很自然的事。由于它实在太长了，在交通不发达的古代，要穷其源，是太困难了，人们只能想当然地把一些不确实的东西强加在它头上。

我国最早的地理著作《禹贡》一书中，记载有“岷山导江”的文字，把长江源头说成是甘肃四川交界处的岷山。到了汉代，《汉书》上记载说：“的文绳水出缴外。”的文，在云南省宁蒗县境内，绳水，古指金沙江。汉代，人们已经知道长江的源头越过现在的玉龙雪山了。

唐代，文成公主远嫁西藏，人们对河源的认识到达了通天河。到了明代，徐霞客已经明确指出，金沙江发源在犁牛石。犁牛石指的是现在唐古拉山巴萨通拉木岭一带，是长江支流布曲的河源。

在青藏高原上，有2条气势雄伟的山脉，一条是昆仑山，一条是唐古拉山。在这两条山脉之间，有一片南北宽达 400 千米的高平原，从昆仑山南麓和唐古拉山北麓冰川上流出来的冰川融水，共同组成了长江河源水系。这个水系中，比较大的河流有 5 条，它们从北到南排列次序是：楚玛尔河、沱沱河、尕尔曲、布曲和当曲。也许是明清时代一些著作的影响吧，在很长一段时间里，人们一直把布曲当作长江的正源。但是也有人怀疑，说长江的正源应当是楚玛尔河，或者是沱沱河。当然，如果你拿不出过硬的证据，单凭猜测推论，是谁也说服不了谁的。

玉龙雪山

1976 年，长江流域规划办公室，组成了一支河源考察队，真正揭开了长江河源之谜。

长江河源 5 条河流中，以长度排列，沱沱河最长，当曲第二，布曲第三，尕尔曲第四，楚玛尔河第五。如果以河流水量排列，当曲最大，沱沱河第二，布曲第三，尕尔曲第四，楚玛尔河第五。也就是说，河源水网里，只有沱沱河和当曲，在长度和水量单项上分别获得冠军。但是，衡量一条河流谁是正源，地理学上采用“河源唯远”的原则，而不是按照水量大小的。因此，沱沱河理当蟾宫折桂，为长江正源。

沱沱河发源在唐古拉山主峰各拉丹冬雪山和各拉丹冬西面的尕恰迪如岗雪山上，有两个源头。那么，又是哪一个源头是沱沱河的正源呢？

说来有趣，发源在尕恰迪如岗的那条沱沱河支流，竟然比发源在各拉丹冬的支流，长出 5 千米。那它应该是长江的正源了。不，科学家一致认为，各拉丹冬的那支水流，才是长江的正源。这就奇怪了，难道“河源唯远”的原则不算数了吗？不是。科学是老老实实的学问，绝不会被假象所迷惑。原来，尕恰迪如岗水流的源头，有一条冰川，长度短了点，只有 5 千米。而各拉丹冬水流的源头，是一条长达 12.5 千米的大冰川。冰是固态的水，冰川是固态的河流，它应该算到河流的总长度里去。这样一来，各拉丹冬水流反而比尕恰迪如岗水流，长出2.5千米，金牌当然归它所有了。

这条帮着各拉丹冬水流夺得长江正源桂冠的冰川，名字叫姜根迪如南冰川。

固体水库

天山和祁连山麓的农民，在干旱缺水的季节，不是翘首望天，让老天爷帮忙下雨解除旱情，而是抬头望山，盼望山上的冰川多多把融水排泄下来。因为他们知道，山上的一条条冰川，好像一座座固体水库，只有指望这些固体水库，才是实际的。的确，在西北地区，谁都清楚，是那雪山上的冰川融水，汇成了条条江河，灌溉着千里草原，万顷农田。

原来人类感到比较充裕的水源，随着人口的增长，生产的发展，现在显得越来越不够用了。

人们生活中，每人每天得吃进2千克水才能维持生命。工业上，要造出1吨砖来，必须用掉2吨水；炼出1吨钢，需用200吨水；制造1吨化肥，要用600吨水。农业上，每收获1吨小麦，要浇灌1500吨水；收获1吨稻谷，要用4000吨水。什么地方也离不开水。

当今，地球上正面临着水荒的威胁。

从20世纪50年代以来，别说是一直缺水的沙漠国家，就是欧美和日本的一些人口稠密的工业城市，也感到用水紧张。水荒时节，政府不得不采取断然措施，规定不准用自来水冲洗汽车，浇灌花园，甚至定时定量供水。在日本东京，现在水荒问题已严重到“将成为深刻的社会问题”。在美国纽约，人们也在为缺水问题忧心忡忡。就是在我国，也有很多个城市，开始感到水荒的威胁。

难道地球上真是缺水吗?

还不能这样说。我们地球上，一共有14.547亿立方千米的水。假使把这些水平均分给大家，每人能得到3.6亿方水。这些水有多少呢，相当于6个十三陵水库的蓄水量。应该说，这些水是无论如何也用不完的。

但是，地球上的水，绝大部分是又苦又咸的苦咸水，是不适合人类应用的。世界四大洋和陆地上的盐湖以及地下水中的苦咸水，总量达到

14.2645 亿立方千米，占地球全部水量的98%还要多一点。剩下的不到地球总水量2%的淡水，也有2825 万立方千米。假使把这些淡水平均分给大家，每人还能分到700 万立方米。应该说，这些淡水也是用不完的。

然而，地球上的淡水，有85%是以冰雪的形式贮存在冰川上的，有14%的淡水，是以地下水的形式隐藏在地底下的。剩下的淡水中，尚有30/10000掺杂在土壤植物中，有5/10000 飘逸在大气里。跟人类关系密切的湖泊水库河流所拥有的淡水，还不到淡水总量的65/10000。即使是这些65/10000的淡水，在地球上的分布也是极不均匀的，有的地方河流泛滥成灾，有的地方却滴水贵如油。而人们在用水的时候，误以为水是自来水、长流水，是用之不竭的，很不注意节约。再加上现在全世界每年大约有4200 亿吨污水排入河流湖泊，导致一些河流严重污染。

那么，到哪儿去找水呢？

被称为固体水库的冰川上，贮存着85%的淡水，为什么不可以向固体水库要水呢？

利用固体水库的水资源直接为人类服务，我国可能是世界上最早的国家。远在唐代，丝绸之路上的敦煌，由于干旱少雨，就利用祁连山的冰雪融水灌溉农田了。古书上记载说："瓜州（今日敦煌）……每年少雨，以雪水溉田。"

建国前到祁连山里去淘金的工人，在淘金缺水季节，就去河流上游的冰川上，撒黑土，人工黑化冰川，增加冰川的出水量。河西走廊和天山北麓的群众，在干旱缺水年份，也经常组织起来，到祁连山和天山的冰川上去，人工黑化冰川，增加冰川融水。

人工黑化冰雪，能够迅速降低冰雪面的反射率。一般来说，新雪能降低反射率25% ~30%，老雪能降低15% ~20%，冰面能降低10% ~15%。这些撒过黑粉的冰雪面上，由于反射率降低，使得冰雪表面获得更多的太阳辐射热，从而加快冰川的消融。

人工融化冰川，在争取提前下水，解决春旱的问题上，效果是比较明显的，往往能在短期内使河流水量增加。新疆伊吾县有个名叫盐池的牧场，场里缺乏其他水源，因此每年组织群众到冰川上去融冰化雪，保证了农牧业生产年年丰收。

固体水库的冰雪融水不仅能解决干旱问题，而且水质纯洁，含有的重水比普通河水要少，所以对农作物的生长极为有利。一般河水里，每500克水中含有重水大约是0.071克，而在雪水中，仅含有重水0.053克。重水对动物和植物的生长繁殖有抑制作用。用重水浸泡过的种子不能发芽，鱼虾放进重水里，立即会死亡。因此，冰雪融水里重水含量比较少，大大有利于动植物的生长发育。

经过雪水浸泡的种子，发芽率明显提高。用雪水灌溉的冬小麦，产量明显高于用一般水灌溉的农田。就是在温室里栽培黄瓜，如果用雪水浇灌，产量要比用普通水浇灌提高1倍。

到了近代，有些国家直接到冰川上凿取冰块，代替饮料。格陵兰的因纽特人向美国出口冰川冰，物美价廉，很受欢迎。南美洲玻利维亚首都拉巴斯的商人，直接用汽车到拉巴斯东南方向50千米处的冰川上去拉冰，运到市场出售，也很受欢迎。长期居住在安第斯山上的印第安人，有的部落甚至依靠贩卖冰川冰为生。比如，厄瓜多尔境内的印第安部落达基莱马斯，大多数人就是靠这种职业谋生的。他们把纯洁美丽的冰川冰称为“白金”。每天清晨，这个部落里的男子、妇女，还有部分儿童，牵着骡子，攀登到安第斯山的冰川上，凿取一块又一块的“白金”，用野草叶子包好，运到山下的城镇上去出售。

更有意思的是，墨西哥有一家啤酒厂，养着一大群骡子。骡子跟啤酒有什么关系？原来，养这些骡子，是专门用作驮运冰川冰的。这家啤酒厂的老板，为了竞争，别出心裁地利用冰川冰酿造啤酒。他们从安第斯山的伊志斯塔锡华特利亚冰川上，凿取一块块重约50千克的冰川冰，用草袋包装后让骡子驮运到厂里。这家啤酒厂，每年从冰川上取走的冰，达到2200吨以上。据说，用冰川冰做的啤酒，质量要比一般水做的清醇可口。

但是话又得说回来，如果大规模地去利用固体水库，久而久之，最终会用完固体水库，导致地球上水分平衡的失调。因此，局部利用一些固体水库的淡水资源是可以的，但不宜竭泽而渔，否则后果是不太美妙的。而利用南北极海域里的冰山，就不存在水分平衡的问题。因为你不利用冰山，它最终也是消失在海洋里的。

冰川，作为一座座固体水库，只要合理利用，必将对人类作出更大的贡献。

冰川覆盖的时期——冰期

人类和冰期

在地球史上，不少地方曾多次在大冰盖掩覆之下，那时候，世界上的冰川面积比现在大得多，人们称这种时期为大冰期。

一、地质史上的冰期

在漫长的地质年代里，出现过多次冰期。有人根据古地理和古生物资料，作出一个北半球中高纬地区温度随年代变化的曲线。曲线清楚地指出震旦纪、石炭—二叠纪和第四纪是温度下降到0℃以下的时期。这就是地质史上的三大冰期。

震旦纪冰期出现在5亿年前，我国长江三峡地区的南沱冰碛层是这次冰期留下的遗迹。

石炭—二叠纪冰期出现在2.5亿年前。当时印度有1/3以上的地方为冰川掩盖，赤道非洲的扎伊尔和热带的赞比亚均被冰川掩没，大洋洲冰川面积达500万平方千米。但是，在北半球的温带地区却未发现该期冰川的遗迹，这表明那时的大陆和地极的相对位置与现代有很大不同，是大陆漂移的重要证据。

第四纪冰期大约从200万年前开始，冰川最盛时不仅两极地区，北欧、北美和亚洲北部均在辽阔的冰盖掩埋之下，中低纬地区的山岳冰川也大大扩张。我们目前仍处在第四纪大冰期中，不过是属于大冰期中的一个比较温暖的阶段，叫作间冰期。现代冰川面积仅及冰川最盛时的1/3。

第四纪冰期在地球上打下了深深的烙印。水圈、大气圈、岩石圈、生物界和人类无不受到冰川的重大影响。研究第四纪冰期具有重要的理论和实践意义。

人类的出现是第四纪中另一个重大的事件，以致有人又把第四纪叫作灵生纪。冰期和人类同时出现在第四纪并不是偶然的巧合，人类正是在同冰天雪地等险恶环境作斗争中发展起来的，人类逐步改造了自然，也改造了自己。下面我们叙述一下人类与冰期的关系。

二、人类在冰期中成长

根据最近研究，在中新世末，格陵兰岛和南极洲已经形成巨大的冰盖。当时的中低纬地区的气候也显著变冷，大片森林被毁灭，开始出现草原和荒漠。原来栖息在大森林中的猿类，有些逃到更南方的森林中去，有些不适应新的环境就绝灭了。在各种古猿中有一支是人类的直接祖先。它们在平原上坚持下去并逐渐适应下来。

古猿在平原上生活逐渐更多地使用前肢，后肢慢慢直立起来。直立行走意义重大，伟大革命导师恩格斯指出："这就完成了从猿转变到人的具有决定意义的一步。"直立把古猿的前肢解放出来逐渐演变成手，而手是劳动的工具，也是劳动的产物。古猿因为劳动才最终变成人。

直立的古猿最先在非洲找到，定名为南方古猿，他们生活在第三纪末和第四纪初。我国广西和湖北第四纪早期地层中也发现这种古猿的化石。

古猿在进一步成长时首先就碰到第四纪早期的大冰期。那时候，不仅两极地区，欧亚大陆和北美洲北部形成辽阔的冰盖，中低纬地区的许多高山冰川也很强盛。平原上寒风凛冽，森林更少，古猿生活遇到更大的困难。但是，正如地质学家李四光说的那样："每一次冰期，当然反映气候比较寒冷，雨雪量比较大等因素的存在，但也不是像灾变论者所说的那样，生物全部毁灭了。相反，从人类发展历史来看，原始人类发展较快的阶段，正是人类和自然界严寒条件作斗争最激烈的时代。"第四纪早期大冰川和寒冷气候迫使古猿和严酷环境作艰苦斗争，在斗争中学会了制造工具，体质上也发生重大变化，从而起了一个质的变化，古猿变成猿人，脱离了动物的范畴。

迄今发现的猿人，包括北京猿人、蓝田猿人、爪哇猿人和海德堡猿人都是距今50万年左右的古人类。他们生活的时期是一个间冰期。间冰期气候温和、食物来源比较丰富，猿人发展迅速。

距今大约30万年前，间冰期结束，又一次冰期来到，中国猿人已演变成更进步的古人。中国的古人分布很广，计有广东马坝人、湖北长阳人、山西丁村人和内蒙河套人等。古人的智慧有了更高的发展，脑容量比猿人增大许多（从1075毫升增至1350毫升）。

欧洲的古人叫尼安德特人。那时正当第四纪中最寒冷的里斯冰期，动物界中和尼安德特人同时出现的是所谓“莫斯特动物群”，这个动物群中主要是耐寒的动物，如北极狐、旅鼠、麝牛、披毛犀和猛犸象等。尼安德特人住在中欧的山洞里，北边是斯堪的纳维亚冰盖刮来的寒风，背面是阿尔卑斯山高山冰盖，冰舌直抵山麓平原。夹持在冰天雪地中的尼安德特人在斗争中学会用火，有了火就减轻了严寒的威胁。熟食更有益于古人的健康和大脑的发展。中国古人这时不仅用火（中国猿人早已会用火），还发明了人工取火的方法，燧人氏钻木取火就是发生在这个时代的故事。

在距今约10万年前，当第四纪最末一次冰期开始时，古人进化成新人。新人亦称智人，属于现代人种的范畴。新人与现代人种关系密切，欧洲的克鲁马奴人接近白种人，我国的山顶洞人接近黄种人（蒙古人种）。猿人和古人走路还有些弯腰驼背，新人就和现代人一样挺直腰板了。

第四纪最后一次冰期延续了八九万年，才进入冰消雪化的冰后期。冰后期气候转暖，被冰川摧毁了的森林和草原重又生长起来，陆地上适宜人类居住的地方比冰期中是大大扩大了，人类的发展更是迅速。中华民族四五千年前在黄河流域就创造了灿烂的仰韶文化，那时正是冰后期气候最温暖的时期，即所谓“高温期”或“气候最宜时期”。自那以后，我们的祖先跨越了石器时代，相继进入青铜时代和铁器时代，即进入了有文字记载的历史时期。

三大冰期

西藏自治区的聂拉木县，位于喜马拉雅山南坡，那里山清水秀，林木扶疏，景色颇为迷人。特别引起人们兴趣的，是那里有一块与众不同的巨大漂砾，长 26 米，宽 19 米，高 25 米，重达 3 万吨。经过科学家的鉴定，这块漂砾的岩性，与世界十四高峰希夏邦马峰的典型岩石一模一样。因此可以说，这块大漂砾是从希夏邦马峰上跑到这里来的。希夏邦马峰的岩石，怎么会长了腿跑动几十千米，到聂拉木来安家落户呢？

像这样奇怪的事情，也发生在缺少石料的欧洲平原上，那里出现许多巨大的花岗岩漂砾，当地的人们就用这些漂砾来建造石屋，雕琢磨坊，铺筑石路。这些漂砾的岩性，几乎和阿尔卑斯山的典型岩石是从同一个模子里铸造出来的。阿尔卑斯山上的花岗岩，怎么会长了腿跑到山下的大平原上去了呢？长期以来，没有人能回答清楚这个问题。

19 世纪初，土生土长在瑞士瓦莱州的一个名叫潘劳丁的山民，对这个问题发生了浓厚的兴趣。潘劳丁目不识丁，但他是个极其精明能干的羚羊猎人，又是一个冰川地形的业余研究者。经过长期的观察，他注意到了那些成堆的砾石，一定是已经后退的冰川带来的。

瑞士地质学家维尼茨和查彭蒂耶，热情赞同潘劳丁的想法。然而也有人表示怀疑。这怀疑者中间，出现了一个著名人物，他就是后来名扬四海的阿加西斯。阿加西斯当时是瑞士纳沙泰尔大学的青年动物学家。他不像一般的怀疑派，仅仅停留在嘴上，他想用事实去证明冰川不可能像潘劳丁说的那样会移动得那么远。他跑到阿尔卑斯山的老鹰冰川上，往冰里打进一排木桩，过一些时候，再去看木桩是否移动了。后来他终于证实了，冰川好像一条流得很慢很慢的河流，是会移动的，从而相信潘劳丁的观察是正确的。

这个不知疲倦的科学家，在他往冰川里打进木桩的时候，他漫游了欧洲许多地方。在英国和法国，他发现了那里也曾有过冰川的痕迹。在一些由其他地方移动到这里的漂砾上，他发现了冰川擦痕。这些冰川擦痕只能是在冰川流动过程中互相摩擦而造成的。

1840 年，阿加西斯总结了前人的研究成果，加上他自己的研究结果，正式提出了地球历史上有冰期存在的轰动地学界的理论。以后，他到美国哈佛大学去讲学，在美国又发现了不少冰川遗迹。后来，资料更丰富了，到 1850 年时，学术界已经清楚地知道，在地球历史上，一定有一个很冷的时期，在那个时期里，地球上的许多陆地，被更多的冰川所覆盖。人们把那样的时期，叫作大冰期。

关于大冰期的理论，能够很圆满地解释清楚聂拉木和欧洲平原上那些巨大的漂砾——是由冰川带来遗留在那里的。

现在已经知道，地球历史上，冰川犹如天空的云彩，时而覆盖大地，时而隐身匿迹。在漫长的地质年代里，地球上至少出现过3次大规模的冰川作用时期，这就是6亿年前的震旦纪大冰期、2.8亿年前的石炭—二叠纪大冰期和300万年前开始的第四纪大冰期。

也有人认为，地球上已经出现过5次大冰期。这当然是可能的，谁也不能武断，已经有46亿岁年龄的地球，在6亿年之前的那些漫长岁月里，就不会出现大冰期！但是，有人说的18亿~22亿年前和25亿~26亿年前那二次大冰期，留下的足迹实在太少了，太模糊了，简直是凤毛麟角，现在的科学技术，还不能对这些模糊的残章断简，作出明确的判断，所以在一般场合，很少有人提到那两次更古老的大冰期。

人们暂时只对距今6亿年以来的3次大冰期，有了比较一致的看法。

6亿年前出现在地球上的震旦纪大冰期，冰川的足迹几乎踏遍了亚洲、欧洲、美洲和大洋洲。当时不少地方的冰层，达到千米以上，它们在地球上留下了不少脚印。这些脚印很多已经被埋藏在地底下，但是学者们费了九牛二虎之力，还是把它们找出来了。首先找到脚印的地方，是在斯堪的纳维亚半岛上的挪威。以后在芬兰，在斯匹次卑尔根群岛上，在法国的诺尔曼蒂，都陆续找到这次大冰期留下的古老冰碛。后来，在格陵兰东部，在非洲南部，在西伯利亚，在澳大利亚，在美国和加拿大边界处的五大湖区，也找到了震旦纪大冰期留下的脚印。我国境内，这次大冰期的遗迹也很清楚。名扬天下的长江三峡里，你做梦也想不到，6亿年前，这里居然是冰川荟萃之地。当然那时还没有长江呢。三峡之一的西陵峡里，有一个小地方名叫南沱，科学家就在这里找到了当时冰川遗留下来的冰碛。后来，在贵州东部，湖南西部，云南中部，秦岭和山西五台山上，也找到了震旦纪时冰川活动的痕迹。

2.8亿年前的石炭—二叠纪大冰期，似乎只发生在南半球。北半球除了印度之外，到目前为止，还没有找到这次大冰期留下的蛛丝马迹。而且位于北半球的印度，它并不是亚洲大陆上的老住户。发生这次大冰期时，印度的户籍还藏在南半球的冈瓦纳古陆的大柜子里。所以目前只能说，石炭—二叠纪大冰期里，冰川只覆盖在南半球。当时的印度，有300万平方千米的土地被冰川掩覆。现在非洲的肯尼亚、乌干达、坦桑尼亚、安哥拉、赞比亚、津巴布韦、莫三鼻给和马达加斯加岛，也几乎被冰川吞没。大洋洲的冰川更多，面积达到500万平方千米。南美洲的冰川活动也很猖獗，北部界线达到现在的巴西中部，当时巴西和阿根廷的大部分地方，被冰川所淹没。在巴西圣保罗附近发现的这次大冰期留下来的冰碛，厚度超过1000米，你可以想象当时的冰川是多么强盛了。1982年英国和阿根廷争议而为此交战的马尔维纳斯群岛，在2.8亿年前，也完全遭到冰川的灭顶之灾。关于这次大冰期只发生在南半球的原因，有人认为，那时地球的南北极，与现在的南北极是不相同的。2.8亿年前的地球南极点，是在今天的南非附近；而北极点，是在太平洋里的夏威夷群岛上。当时的南极大陆，位置在现在的南非附近与非洲连接在一起，组成了古老的冈瓦纳古陆。这块古陆当时贯穿南极点，所以在古陆上发育出庞大的冰盖。而现在北半球的这些大陆，当时离开北极点都比较远，未能在上面形成巨大的冰流。

从300万年前开始的第四纪大冰期，一直延续到现在。直到今天为止，还找不出任何它将结束的征兆。看样子，我们的子子孙孙，恐怕还要在这次大冰期中生活上千百万年。

我们的祖先，就是由于大冰期的千锤百炼，才成为主宰地球的生灵。现在还找不出多少迹象，有理由说明第四纪大冰期对我们人类有什么不好。相反，如果没有这次大冰期的催迫，那我们人类发展的进程，也许还要迟延千百万年。如果真是这样，也许我们大家现在仍在森林里攀来攀去，寻找果子吃哩。

假如第四纪大冰期现在马上结束的话，对我们的子孙，也不见得是一件幸福的事。倘使这种不幸的奇迹出现，地球上的温度将要比目前高得多。尽管格陵兰岛上会重新长出茂盛的野葡萄和郁郁葱葱的红杉林，南极大陆上的原始森林也会在温煦的海风中婆娑起舞。但是，由于冰川上的水全部转移到海洋里，世界洋面会上升60多米，沿海许多肥沃的平原和大城市将会葬身海底，我们的子孙又要回到山上去。同时，地球上的热带地区的人类可能不再能在那里生活，现在温带地区的那些粮仓地带，也会变成干燥的草原。适宜人类居住的地方，范围就狭窄多了。到那时，恐怕会有不少人，面临身无立锥之地的困境。

应该说，大冰期并不是可怕的。

第四纪大冰期中，冰川最盛的时候，地球上有32%的陆地，被冰川所占据。冰川在全世界的分布面积，达到4800万平方千米。在那个时候，不仅南极大陆上冰盖的厚度和面积有所扩大，就是在北欧、北亚和北美的辽阔大地上，也被巨大的冰盖所掩覆。甚至中低纬度地区的山地冰川，也大大扩张了它们的势力范围。当时我国长江流域、秦岭、西南、华北和东北的一些地方，都有冰川分布。连当今著名的避暑胜地庐山上，李四光教授发现那时也有冰川活动的痕迹。现在只有1038平方千米冰川的大洋洲和非洲大陆上，那时冰川覆盖的面积达到了7万平方千米。现在赤道附近的非洲乞力马扎罗山上，那时冰川的冰舌一直下伸到目前雪线以下1500多米的地方。

南极冰盖现在的面积是1130万平方千米，在冰川最盛时期，它达到过1320万平方千米的个子。但在那个时候，这位当今世界冰川大家庭里的头号巨人，却得不到金质奖章。冠军的宝座让盘桓在北美大陆上的北美冰盖夺去了。北美冰盖个子长足的时候，面积达到1379万平方千米，南极冰盖当然只能退居第二位了。当时的北欧冰盖，面积也不算小，有667万平方千米。西伯利亚冰盖，由于水汽来源不丰富，显得小了些，但面积也有373万平方千米，比2个蒙古人民共和国的面积还要大。

第四纪大冰期因为发生在近代，它在地球身上打下了深深的烙印，至今它还在影响着我们的地球。因此，研究清楚这次大冰期的来龙去脉，在地球史上具有重要的意义。

人们在研究第四纪大冰期时，发现了一个有趣的事实，那就是大冰期里，气候也是冷中有暖的。

生活在冷中有暖的大冰期

根据海底古生物化石所提供的资料，1亿年前，世界海洋是很温暖的，海洋的平均温度达到21℃。但从这时开始，海洋的温度逐渐下降了。3000

万年前，海洋的平均温度下降到7℃，2000万年前，下降到6℃。到了300万年前，太平洋海底的温度已经接近0℃，接着地球上出现了第四纪大冰期。

第四纪大冰期究竟从什么时候开始，学者们争论了100多年，直到现在还没有一个统一的意见。起初，德国学者彭克和瑞士学者吕克纳，在阿尔卑斯山上，找到了100万年前的古老冰碛，他们认为这次大冰期是从100万年前开始的。后来，又有人找到了距今160万年的另一些古老冰碛，把第四纪大冰期的开始时间向前推进到160万年前。后来，根据海洋洋底沉积岩芯的分析，人们把第四纪大冰期的开始时间，一下子推进到300万年前。

你不要以为大冰期里的气候是一直严寒的。其实，说是大冰期，气候本身也是冷中有暖的。像我们目前生活在其中的这个时期，就是第四纪大冰期里相对比较温暖的时期，人们把这个时期，叫作间冰期。在第四纪大冰期的整个过程里，已经出现过无数次间冰期。当然，大冰期中，也有真正气候寒冷的时期，人们把这种寒冷时期，称作冰期。

因此，每一次大冰期，都可以分成若干次冰期和间冰期。冰期是大冰期中真正寒冷的时期，间冰期则是大冰期里的温暖时期。当然，在间冰期里，并不等于冰川都从地球上消失，消失的只是一些温带地区的大冰盖，南北两极的冰川和高山上的冰川，只是规模缩小而已。如果冰川从地球上消失了，那就说明地球的历史已经从又一次大冰期中度过了。

那么，在第四纪大冰期里，到底出现过多少次真正的冰期和温暖的间冰期呢？

关于这个问题，人们的认识差别很大。有人认为有4次冰期，有人认为有5次，也有人认为有7次，更有人认为至少有20次。

彭克和吕克纳认为阿尔卑斯山里，出现过4次冰期。这4次冰期的名称是，100万年前出现的恭兹冰期，70万年前出现的明德冰期，30万年前出现的利斯冰期和10万年前出现的玉木冰期。后来，学者们经过多次商榷，一致同意把这4次冰期，确定为第四纪大冰期里划分冰期的标准。

我国著名的地质学家李四光，把中国东部地区在第四纪大冰期中出现的4次冰期，分别定名为鄱阳冰期（100万年前）、大姑冰期（70万年前）、庐山冰期（30万年前）和大理冰期（10万年前）。

我国冰川学家李吉均和郑本兴，经过多年考察研究，把青藏高原地区在第四纪大冰期中出现的 4 次冰期，分别定名为希夏邦马冰期（100 万年前）、聂聂雄拉冰期（70 万年前）、古乡冰期（30 万年前）和白玉冰期（10 万年前）。

后来，又有人发现了一次比恭兹冰期更古老的冰期，它大约出现在 160 万年前，被命名为多瑙冰期。关于这次更古老冰期的遗迹，在我国，目前还没有找到可靠的证据，因此没有相应的名称。

至于有人说的另外 2 次比多瑙冰期更古老的冰期，找到的证据还不能够把大多数学者说服，有待资料进一步丰富后才能得出结论。

我们当然不是冰川学家和地质学家，关于冰期次数的讨论，那是他们的事。我们只要记住第四纪大冰期里，气候不是铁板一块，而是冷暖交替变化这一点，也就够了。

当然在每次冰期和间冰期里，气候并不是重复到以前的规模，而是有的冰期寒冷得多，有的冰期寒冷得少，有的间冰期温暖得多，有的间冰期温暖得少。

就拿我国最大的城市上海来说吧，在第四纪大冰期里，因为经历过 5 次间冰期，大量冰川融水排泄到海洋里，引起海面上升，上海也就被海水浸没过 5 次。最近的一次海浸。仅仅发生在 1 万年前，直到五六千年前，海水才退走。由于各次间冰期的温暖程度和经历时间不一样，这 5 次海浸的规律也不一样。

猛犸象

即使是代表大冰期中真正寒冷时期的冰期里，气候也不是铁板一块，也有冷暖变化的。就拿离我们最近的玉木冰期来说吧，总的趋势是气候寒冷，大量的水转移到冰川上，引起海面下降。7 万年前，我国华北沿海的海岸线位于目前海面 50 米以下的地方，当时的渤海湾，是猛犸象和披毛犀活动的场所。但到了距今 3.9 万年时，这里却发生了一次海浸，海岸线甚至推进到霸县、雄县和献县一带，说明当时的气候是很暖和的。但不久海水又退出。2.3 万年前，海平面降到离现在海面 140 米的地方。这时候，日本列岛与亚洲大陆连接在一起。北美洲和亚洲，也由白令海峡的陆桥，连接在一起。居住在亚洲的古人类，就是通过白令陆桥，进入到北美洲去的。到了 12000 年前，玉木冰期结束，大量冰川融化，海面又逐渐上升，于是白令陆桥消失在海中，两块大陆的陆上联系从此中断。

在第四纪大冰期中，气候就是这样不断地冷暖交替，冷中有暖，暖中有冷，循环不已的。这种冷暖交替的气候，在很大程度上影响着我们人类的诞生。

在这次大冰期出现之前，地球上最高级的动物是古猿。古猿在继续进化的历程中，遇到了第四纪大冰期的重重考验。为了在比较严酷的自然环境里生存，它们中的一支，离开森林走到广阔的平原上，锻炼着用两脚直立行走。直立行走使古猿的头颅支撑在脊椎骨上，为脑容量的增加创造了条件，同时又使颚骨后缩，鼻准隆起，嘴唇自由活动，面部出现丰富的表情。直立行走也使古猿解放了双手，能够使用原始的树棍石头，增加了它们生存斗争的本领。经过第四纪大冰期里多次冰期的考验，古猿的智慧和劳动技能有了很大的发展，因而到了明德冰期结束后的那次大间冰期时，古猿一下子很快繁衍起来，并且学会了制造工具，变成了猿人。我国的蓝田猿人和北京猿人，就是那时候出现的古人类。

在那次大间冰期里获得飞跃发展的猿人，进入到 30 万年前的利斯冰期时，已经进化到更接近现代人的古人。早已知道利用天然火种的中国古人，像马坝人、长阳人、丁村人等，这时发明了人工取火的方法。居住在欧洲的古人，像尼安德特人，这时候也开始用火。虽然北边有北欧冰盖，南边有阿尔卑斯山的冰流，在夹缝中生活的古人，环境十分艰苦，但是学会了用火取暖，也就减轻了寒冷的威胁。

古人进化到 10 万年前的玉木冰期时，已经完全成为新人（智人）。他们除洞居外，又学会了修建简单的房屋。他们创造了打猎经济空前高涨的时期，并出现了专业化的打猎部落，例如羚羊猎人部落、猛犸猎人部落、驯鹿猎人部落等。新人中出现了驯服野马的能手，又出现了人类第一批画家和雕刻家。

1.2 万年前，玉木冰期结束，历史便进入人类物质和精神文明发展的冰后期。冰后期也叫现代间冰期，我们目前还生活在这次间冰期里。

下次冰期

我们现在生活在其中的这次间冰期里，气候是不是一直温暖的呢？

并不是。

说来很有趣，我们祖先生活过的 1 万多年时间里，气候既是冷中有暖，也是暖中有冷的。我国天山东段博格达峰下，有一条名叫四工河的河流，河源发育有冰川。我国冰川学家在那里发现，现代间冰期的 1 万多年时间里，这里的冰川，一共发生过 8 次规模不等的进退。这说明了这段时间里，气候仍然是暖冷多变的。

1 万多年前，当现代间冰期开始的时候，气候比较凉爽。以后，地球上的温度逐渐上升。到距今 7000 年时，气温已经回升到比现在要温暖 2℃。这个时期一直延续了几千年，大概在 3000 年前才有所改变。冰川学家把冰后期里的这段最温暖的时期，叫作高温期。上面提到过的上海最近一次海浸，便是发生在高温期里的事情。

大禹治水

世界上许多民族在远古时代的创世传说中，都有关于大洪水的回忆。我国传说的大禹治水的故事，差不多家喻户晓。这个传说提到的大洪水，是确有其事的。在高温期开始的时候，冰川大量融化，于是出现了一场持续很久的全球性的冰川大洪水灾难。这场灾难留给人类祖先的印象太深刻了，以致流传至今，保存在人们的头脑里。

高温期里，冰川大洪水消退之后，人类的祖先们，逐渐创造出了灿烂的文化。这个时期，正是我国黄河流域仰韶文化大放异彩的时期。

1954～1957年间，我国考古学家，在西安半坡村遗址的发掘中，发现了距今6000年时生活在那里的貉、獐、竹鼠等动物的骨骼。貉喜欢栖息在亚热带地区的河流湖泊边。獐现今生活在长江流域的沼泽地带。竹鼠以食竹笋竹根为生，现在陕西已经没有竹鼠生存的环境了。这些动物骨骼的出现，说明6000年前，在西安半坡村，那里的气候湿热，至少比现在高出2℃。

竹　鼠

河南安阳殷墟，是3500年前的殷代首都。从这里出土有很多甲骨文。其中有一片乌龟壳上，用甲骨文记载了当时有一个猎人，在武丁时代（公元前1365～前1324年），猎获了一头大象。今天，象已经向南退居到西双版纳。但当时在河南，大象还是很多的。河南省简称“豫”，这个字，按照象形文字的意思，表示一个人牵着一头大象。另外有一块甲骨文说，当时安阳人种稻，在阳历3月下种，现在安阳下种已延迟到4月，说明当时的气温，比目前要高。

在中国文字里，以“竹”字当头的象形字是很多的。这从另一个侧面，说明我们祖先生活的黄河流域，种竹广泛，竹类繁多，使用竹子也非常普遍。现代竹类大片生长的地区，已移到长江流域了。

这种高温气候，在我国其他地方也有反映。

从上海附近的崧泽和唯亭遗址里残留的植物孢粉说明，在5000年前，当时上海附近主要生长着青冈栎、栲、桑、榆、漆树等树种，相当于现在浙江中部和南部的气候。

从天津附近采集到的植物孢粉说明，7000年前，天津生长过大片大片的水蕨。现在这种植物在河北省已绝迹，只在淮河流域尚能生长。

栎　树

就是在黑龙江省北部的呼玛县，当时的气候也是很温暖的，生长着大量桤树和栎树，相当于现在北京附近的气候。

甚至在喜马拉雅山上，当时的气候也较温暖，生长着杜鹃、蔷薇和绣线菊等高山灌木。它们生长的界线，要比目前高出 300 米左右。那时候，珠穆朗玛峰附近还住有古人类，他们留下了许多石器。

现代间冰期里的高温期，大约在 3000 年前结束，气候就进入了现代间冰期里反复冷暖多变的时代。

3000 年前的西周初期，有一两百年时间，气候变得比较寒冷。当时有一部古书，名字叫《竹书纪年》，记载了周孝王七年（约公元前 10 世纪），长江和汉水都结了冰，说明当时的气候，比现在还冷。

这次寒冷气候，使得我国高山上的冰川，一度向前推进。绒布冰川推进了 2.2 千米，一直前进到现在绒布德寺附近。在西藏东南部，也发现这次冰川前进留下的冰碛，经过碳 - 14 年代鉴定，确定为 2980 年 ± 150 年。这证明《竹书纪年》上的记载是可靠的。

这次冰川前进时间不长，很快气候转暖，一直到三国时期，有过 1000 来年的温暖时期。

在这 1000 年的温暖时期里，被寒冷气候逼迫向南方迁移的竹子和梅树，又重新返回黄河流域的老家。我国最早的一部诗歌总集《诗·卫风》里，就出现了“瞻彼淇奥，绿竹猗猗”的诗句。这是我们的祖先，在河南的淇水湾头，看到黄河岸边的竹林在微风中婆娑起舞时的即兴之作。在这部著作里，还有 5 处地方提到了梅树。其中《诗·秦风》中，有“终南何有？有条有梅”的诗句。终南山在西安南侧，现在那里已没有梅树了。古籍

《春秋》中也多次提到，当时气候温和得山东鲁国的冰房里，在冬天得不到冰块补充。生活在公元前372～前289年的孟子，也在他的著作中提到了，当时齐鲁地区的农作物，可以一年两熟。稍后的司马迁，在他的《史记》里，甚至很风趣地记载了公元前110年，黄河决口，当地老乡砍伐河南淇园的竹子编成竹篓盛放石头，去堵塞黄河缺口。这次温暖气候，一度使我国高山冰川又退缩到较高的地方。

从三国到南北朝，气候又一度偏冷。这次寒冷气候，延续了400来年。这时候，作为地球温度计的冰川，又一次向前推进。你看过《三国志》吧，曹操在铜雀台上种橘树，虽年年开花，但因气候寒冷而年年不能结实。他的儿子曹丕到淮阴阅兵，因为河道封冻，不欢而散。这次寒冷气候，在公元4世纪中叶达到顶点。366年，从昌黎到营口的这段渤海海岸，连续3年封冻，在冰上可以通行马车，甚至当时有一支三四千人的军队，也从冰上抄捷路行军到驻地。

隋唐时代，气候又变得温暖。曾经在黄河流域普遍生长的梅树，这时候再一次在国都长安出现。当时的诗人元稹（779～831年）在诗中就提到长安曲江池的梅树。甚至在长安宫廷里，还栽培了橘树，居然多次结出丰硕的果实。这时，我国的高山冰川，又一次向后退缩。本书开头提到的丝绸之路上的木扎特冰川谷道，由于冰川退缩，变得更适宜于人们往来，又成为当时很重要的交通道路。

梅　树

从10世纪下半叶开始，地球上的气候就一直比较寒冷。这次寒冷气候，一直延续到19世纪，前后达800多年。

11世纪时，在黄河流域已经很少有梅树了。北宋文学家苏东坡在陕西汉中地区看不到梅树，只见充塞眼帘的尽是杏花时，不由得写道：“关中幸无梅，赖汝充鼎和。”据元朝陆友仁写的《砚北杂志》记载，公元 1111 年，江苏太湖封冻结冰。在这 800 多年里，太湖共结冰 17 次。1329 年冬天太湖结冰，竟冰厚数尺（1 尺≈0. 33 米），冰坚足可通车。1153 ~1158 年间，每年冬天，苏州地区的大运河也要封冻，船工们不得不准备了铁锤，破冰开船。在华东沿海，这时也出现了海水结冰的怪事。据江苏阜宁县志上记载说，1493 年，“冬大雪，六十日沿海坚冰，时为创闻。”这次寒冷气候，也波及南方各地。福州的荔枝，在 1110 年和 1178 年，曾经两次全部冻死。云南大理的点苍山，在那时终年积雪。元代郭松年写的《大理行记》中，说点苍山上“萦云载雪，四时不消”。成书于 1455 年的《云南图经志书》中也说，“点苍十九峰，六月尚有积雪”。说明那时在南方也是很冷的。这次寒冷气候最厉害的时期，出现在 17 世纪。清代学者谈迁的《北游录》中，说他 1653 年从杭州到北京时，途经天津。在 11 月 18 日看到天津的运河已经冰冻，只得改从陆路到北京。他在 1656 年 3 月 5 日启程返回杭州时，北京的运河刚刚解冻。从这些记载里，可以推算出当时北京到天津段的运河，每年要封冻 100 天以上，而现在不过 56 天。17 世纪的寒冷气候，在外国也有反映。当时的英国泰晤士河，冬天经常结冰，冰坚时马车都在河上行驶。1753 年，西欧出现最冷天气，甚至夏天都消失了，6 月份还大雪纷飞，7 ~ 8 月里的寒风，刺骨沁心，人们不得不在屋内生起了火炉，出外还要穿冬装。

点苍山

这次寒冷气候，使世界各地的冰川，又一次向前推进。在西藏东南部的一些地区，甚至出现冰川前进到村庄里。这次冰进，我国天山和祁连山的冰川河谷里，都留下了明显的足迹。因为它时间比较长，气温又比较低，所以人们把现代间冰期出现的这次寒冷气候，称为现代小冰期。

现代小冰期之后，气候又开始转暖，冰川明显后退。我国的山地冰川，自20世纪初以来，退缩得比较显著。外国的冰川，也退缩得很厉害，特别惊人的，阿拉斯加有一条冰川，近100年来，竟退缩了97千米。

从20世纪50年代以来，世界上的冰川，又开始稳定起来。这说明寒冷气候经过短暂的复苏之后，又转入寒冷了。1968年，隔洋相望的冰岛和格陵兰岛，竟因海面的浮冰冻结在一起而连接起来，使格陵兰的北极白熊无意中闯进了冰岛的国土。我国祁连山的冰川，从1958年以来，退缩十分微弱，最近的物质平衡已经转向正平衡，看起来将会很快转变成前进的冰川。

从这种种迹象看来，现代间冰期里的高温期结束之后，地球上的气候变化趋势，总的说来是在趋向于凉爽，大概今后很难出现高温期里那种温暖气候了。于是有人预言，现代间冰期的尾声快要演奏完毕。

气候循环变化，是地球的正常规律。如果现代间冰期结束，不可避免的是会进入另一次冰期的，这一点也不用奇怪。我们需要了解的，倒是新的冰期何时才会来临呢？遗憾的是，我们的祖先没有给我们遗留下任何关于上次冰期如何来到的点滴资料，所以新冰期的来临，只能靠人们去估计了。有人认为，下次冰期，将从1.5万年以后开始。我们现在正处在现代间冰期向新的冰期过渡的阶段。下次冰期的全盛时期，将是5万年以后的事。届时，冰流将会重新淹覆纽约、莫斯科和柏林。

有人把下次冰期来临渲染成是世界末日，其实大可不必。尽管寒冷的世界将会给人类带来许多不便，冰川大幅度扩张将会吞噬许多土地，我们的子孙将会和我们的祖先一样，面临寒冷的威胁。但是，毕竟我们现在所拥有的知识和财富，与我们祖先大大不同了。上次冰期来到时，人类的文明非常微不足道，手持石器追逐野兽的人类祖先，只能躲在山洞里，烤火取暖，苟延残喘，不可能幻想到要去驾驭冰期。现在，却出现了这种可能性。

20世纪50年代以来，一些地方的温度，尽管有下降的趋势，像我国大部分地区，1950～1979年的30年间，平均气温下降了1℃左右。但是很奇怪，海洋里的水，并没有转移到冰川上去。相反，有些地区的海面反而在上升，像美国的东西海岸，1940～1978年间，都在以每年1.3毫米的速度，悄悄上升着。

这是什么缘故呢?

原来，南极冰盖正在悄悄地融化，北半球高纬度地区的气温，也有略微升高的趋势。出现这种怪现象的直接原因，是二氧化碳的增多，使地球上产生了明显的“温室效应”。目前人类生产活动每年产生的二氧化碳，而在1900年，仅有20亿吨。到20世纪末，人类排出的二氧化碳，增加到220亿吨。按照目前二氧化碳在地球上的增长速率，到60年后，“温室效应”很有可能使地球的平均气温升高1℃～2℃。当然，二氧化碳的温室效应使地球升温的速度，在赤道上比较慢，在极地比较快。如果地球平均升温1℃～2℃，而在南北两极，将会升温8℃～10℃。就是这个原因，现在南北两极的气温，反而略有升高。

这个事实启迪我们，人类的活动，已经开始在影响气候发展的自然平衡了。很有可能，人类的活动，会阻碍下一次冰期的来临。有人计算后推测说，只要消耗目前地球上尚剩的矿物燃料，就能使进入新冰期的自然趋势，至少推迟2个世纪。

未来的世界，能不能制造一台由人类控制的地球恒温器呢?当地球温度日趋寒冷的时候，在严格规定的时间里，释放一定数量的二氧化碳来加热大气，从而达到地球上热量的平衡。到那时候，我们的子孙不必担心冰期的来临，让大家无忧无虑生活在现代间冰期的美妙气候中吧。

冰期原因

在地球的历史长河中，没有冰川的温暖时期，占绝大部分时间。大地披雪戴冰的大冰期，只占很短促的一瞬，不过是一个小小的插曲而已。就拿最近的5亿年岁月来说吧，地球上出现冰川的时间，不过只有1000多万年。

也许你会问，是什么因素，促使温暖的地球，产生了大冰期里那种比较严寒的气候呢?

关于地球上出现大冰期的原因，有各种各样的解释。到目前为止，世界上将近有100种解释地球气候产生神奇变化的冰期理论。有的用宇宙天文因素来解释，有的用地球本身出现的因素来解释，有的用海陆变化、大陆漂移来解释，有的用大气中二氧化碳增减来解释。纷纭繁杂，莫衷一是，可惜至今还没有一个令人比较满意的解释。

有人说，我们地球所在的太阳系，它在银河系里旋转一周的时间，大约要2亿多年。当它旋转到宇宙微尘粒子比较稠密的区域时，这些微尘粒子阻挡了太阳向地球辐射的部分热量，使地球上出现大冰期。

有人说，我们地球自转的速度是在反复变化的，有时候转得快，有时候转得慢。如果地球转快时，南北两极的寒冷空气会快速涌向赤道，使地球表面得到的太阳辐射热减少，于是出现大冰期。

有人说，大陆上升，会使大陆的气候变得寒冷。一次强烈的地壳造山运动以后，就会接着出现一次大冰期。比方说，元古代末期的那次地壳运动之后，出现了震旦纪大冰期。喜马拉雅造山运动之后，发生了第四纪大冰期。

有人说，在各个不同的地质年代里，大陆的位置是各不相同的，如果大陆漂移到南北两极时，就会成为冰盖的策源地。像2.8亿年前的冈瓦纳古陆，就位于当时的南极附近，因而出现了冈瓦纳冰盖。而当时的北极在今天的夏威夷附近，那里是大洋，所以找不到这次冰期的遗迹。

有人说，地球大气中二氧化碳含量减少时，温室效应减弱，地球就会变冷。地球上岩石的风化会吸收大量的二氧化碳，因此，每次造山运动之后，有大量新鲜岩石暴露在空气中，它们风化后，会使空气里的二氧化碳浓度降低，于是气候变冷，出现大冰期，等等。

这些解释，都有片面性，也缺乏充足的依据，似乎有点公说公有理，婆说婆有理的味道。瞎子摸象，各执一词，很难叫人真正信服。

大冰期的出现，应该是各种错综复杂的自然因素综合影响的结果。当然这些自然因素，是有主有次的，它们互相制约，又互相依存，共同促进了大冰期的出现。但因为我们目前掌握的资料和学识，毕竟是很有限的，要解释清楚地球历史上那几次奇妙的气候变化，目前尚有很多困难。我们只好把这个疑难的问题，留给我们的子孙去解决了。

那么，离我们现在最近的第四纪大冰期，是不是可以解释清楚呢？

尽管还存在着一定困难，但解释这次大冰期的学说，已经越来越多，论据也越来越丰富了。

在众多的学说之中，获得比较多的人赞同的学说，当推天文假说。天文假说的基本观点，说地球上的全部能量，都来自太阳，地球轨道的变化，会改变地球从太阳那里获得的能量，从而引起地球上气候的变化。

杰弗逊

说来有趣，世界上最早提出这种观点的人，是美国独立宣言起草人之一的美国第三任总统杰斐逊。这位杰出的政治家，也是一位很有造诣的学者。1785年，杰斐逊指出，黄道面倾斜的变化，会引起地球上气候的变化。

我们的地球，它的公转轨道的偏心率，一直是在变化的，差不多每隔9.3万年完成一个周期。地球的那根无形的地轴，对黄道面的夹角，也是在不断变化的，从21°30′变到24°30′，差不多每隔4万年完成这么一次变化。1930年，南斯拉夫学者米兰科维奇，综合考虑了地球轨道偏心率和黄道面倾斜等天文因素，绘制出了一条著名的“米氏曲线”。在这条曲线上，代表地球最近60万年以来的几次最小辐射量，恰好对应于第四纪大冰期里最近的几次冰期。

米兰科维奇是一位勤奋好学的天才，学识渊博，精通气候学，对数学、天文学和第四纪地质学也很熟悉，可以说多才多艺。他在没有电子计算机的时代，经过持久不断的努力，绘制出这条“米氏曲线”，在当时条件下，是很不容易的。他的曲线表明，当地球上太阳辐射总量减少的时候，气候变冷，就出现冰期。当太阳辐射总量增加的时候，气候转暖，就出现美妙的间冰期。

太阳辐射的变化，无疑对地球上的温度，产生举足轻重的影响。你也许知道，太阳上有黑子变化，每11年为一个周期。太阳黑子的变化，能相应引起地球上温度和降水的周期性变化，这种变化甚至引起一些冰川发生变化。对地球来说，太阳黑子的变化，是很微不足道的，它居然能影响到一些冰川的变化，那么地球轨道的变化，引起冰期和间冰期的交替出现，是可想而知的了。

1978 年，美国哥伦比亚大学的海斯教授，进一步论证了地球轨道变化引起冰期出现的可能性。

米兰科维奇

海斯根据从海洋底部采集到的岩芯资料，经过氧同位素的分析，认为在第四纪大冰期中，冰期大约每隔 10 万年发生一次。在最近的 200 万年时间里，冰期已经出现过 20 次。这差不多与地球公转轨道发生变化的周期是一致的。我们知道，地球环绕太阳运行的时候，由于木星的引力，使地球公转的轨道，在一个圆形轨道与椭圆形轨道之间循环变化，完成一次变化的时间大约需要 10 万年。当地球公转轨道变化到圆形轨道时，因为地球不再像椭圆形轨道期间那样靠近太阳，因此，夏天比较凉爽，再也不能融化掉当年降下的全部冰雪，冰雪逐渐积累起来，于是冰期来临了。当地球处于椭圆形轨道时，它有时离太阳远，有时离太阳近。地球离太阳最近的时候，正是北半球的夏天，这时候，北半球接收到的热量能够融化掉比当年降落的冰雪更多一些的冰雪，于是处在北半球的那几个大冰盖消失了，出现了大冰期里的间冰期气候。

目前，地球正处在椭圆形轨道的位置，逐渐向圆形轨道变化。因此，我们正在从一个间冰期，走向另一个冰期。一旦地球轨道恢复到圆形时，新的冰期又会来到，冰流将会重新出现在北欧和北美大陆上。

当然，除了上面介绍的天文假说之外，关于第四纪大冰期里冰期与间冰期反复交替出现的原因，还有许多别的假说。我们不妨再介绍 3 种。

你知道吸铁石吧？吸铁石也叫磁铁。它为什么能吸铁呢？因为它有磁性。一块吸铁石，有两处磁性最强的部分，叫作磁极，它们分别接近吸铁石的两端。我们的地球，实际上是一块大的吸铁石，所以它也有两个磁极。

处于北极方向的叫北磁极，处于南极方向的叫南磁极。说起来非常有趣，地球的南北磁极，可以互相倒转。在南北两个磁极互相倒转的过渡时期，地球上的磁场显得相当微弱，使得带电粒子和宇宙尘埃弥漫在大气层里，结果出现比较多的雨雪天气。有人指出，上次磁极转换时，大雨大雪断断续续下了数百年。这样，太阳很难照暖地球，气温显著下降，于是冰期就到来了。

美国学者欧文和东恩，提出了一个更有趣的假说。他们认为，第四纪大冰期里北半球那几次来而复去的大冰盖，是由于北冰洋反复封冻和解冻而引起的。

请你找一张北极圈地图，看见了吧，北冰洋周围都是大陆，仅有 2 条通道与大西洋和太平洋相通。一条通道是格陵兰和欧洲之间的格陵兰海，另一条通道是亚洲和北美洲之间的白令海峡。然而，格陵兰海和白令海峡，都是很浅的陆棚。北冰洋就处在这样一个几乎是半封锁的环境里，与外界的潮流循环很不畅。

当北冰洋周围的大陆被冰川覆盖的时候，由于海洋里的水分转移到冰川上，海平面下降了，北冰洋与外界的二条通道上，陆棚露出海面。这时候，北冰洋完全被封闭起来。一旦出现这种情况的时候，物极必反，就非常不利于冰川的继续发展。这时候，北极圈上空的冷高压非常强盛，阻挡南方的暖湿气流向北流动。被冷高压控制的广大地区，降水十分稀少。因而，北冰洋四周的冰盖，将因为降雪减少而自动变薄退缩，趋于消失。冰盖一旦消失，这时就进入了间冰期。

间冰期里，大量的冰川融水排泄到海洋里，使海面上升。这时候，太平洋和大西洋的温暖水流，再度通过白令海峡和格陵兰海，进入北冰洋，使北冰洋的温度上升，逐渐解冻，湿度也跟着增加。一旦北冰洋全部解冻，就很不容易再形成强劲的冷高压，南方的暖湿气流可以北进到北冰洋沿岸。到那个时候，北冰洋周围到了冬季，又将成为大雪纷飞的世界，它沿岸的冰盖又会重新发展起来。

第四纪的 300 万年岁月里，这样的过程至少已经重复了五六次。现在正处在新冰期的准备阶段，1 万多年后，北冰洋将会全部解冻，然后，新的冰期又将开始。

北冰洋的拉普帖夫海里，有个小岛。在150年前，这个小岛还长14千米，宽4千米，被正式描绘在帝俄时代的地图上。可是今天，这个小岛已经从地球上消失了。它沉到海底去了吗？没有。那它怎么会消失呢？原来，这个小岛，并不是一个真正的海岛，却是一块冰期时代搁浅在北冰洋里的大冰块。风从南方带来尘土，尘土沉积在冰块上，积起一层80厘米厚的土壤。候鸟们又不辞辛苦，把植物种子排泄在小岛上，长出了稀稀落落的植物。这样，一块搁浅的冰块，蒙蔽了人们的眼睛，以为它是个海岛了。由于北冰洋在不断变暖，从底下逐渐把这个小岛融化掉了。这个例子，增加了欧文和东恩的北冰洋假说的说服力。

与北冰洋假说遥遥相对的，还有一个南极冰盖跃动假说。

这个假说说，南极冰盖跃动会引起第四纪大冰期里冰期与间冰期交替出现。

你还记得前面提到过的那些脾气古怪的冰川吧？其实，南极冰盖也有一点古怪的脾气。正像那些老实人一样，平时脾气温顺，一旦什么事触发出他的脾气来，就一鸣惊人，南极冰盖也有这种一鸣惊人的时刻。

在间冰期里，南极冰盖的某些部分变得比较不稳定，最终会引起冰盖的跃动。一旦冰盖发生跃动，大量的冰块伸进南极周围的洋面上，形成比目前还要巨大得多的冰架。面积巨大的冰架掩盖海洋，使这些地方的反射率由原来的8%提高到80%。这样会引起地球上的气候带，向赤道方向位移，使地球的热量收入，减少4%左右。地球上热量收入减少，相应的会压低地球的0℃等温线的位置，使得北半球的陆地，逐渐形成冰盖。

假如南极冰盖跃动后的冰流位置保持不变的话，冰期将会长期继续下去。然而，南极冰盖不可能长期处在跃动状态中。在它跃动一段距离后，快速流动的冰体会停歇下来，伸进海洋的冰架得不到充裕冰源的补充，会渐渐缩小，于是海面又重新露出，反射率又重新回复到原来的8%，地球的0℃等温线又会上升，地球脱离冰期。

南极冰盖跃动一次的周期，有人估计为10万年左右，恰好与大洋岩芯所揭示的气候回旋资料是一致的，因此，这个假设一度引起人们的注意。

然而，至今还没有一个假说，能像地球绕太阳转动那样完全能站得住脚，被人们所信服。但是，冰期的存在是客观事实，冰期的原因也是客观事实。也许会有一天，你能把这个问题解释清楚呢！

冰后期我国冰川的变化

冰后期是指第四纪末次冰期结束以来近 1 万年的这段时期。在近万年中我国及世界气候均经历不断变化，冰川也多次进退。

一、高温期

水　牛

当冰后期开始时，气候比较凉爽。此后全球温度逐渐上升。在距今 7000 年前，世界气候变得比现代还要温暖。这个时期一直延续了三四千年，冰川学上叫高温期，过去又叫做气候最宜时期。高温期中年平均温度比目前要高 2℃～3℃。在欧洲，当时不少喜暖植物向北方推进，阿尔卑斯山的森林也升高了 200～400 米。在我国高温期正好与仰韶文化时期（距今 3000～6000 年间）大致相当。根据地下发掘的材料看来，当时关中平原及黄河流域有大象和水牛分布，属于亚热带植物的竹类也从关中一直分布到山东半岛。

在珠穆朗玛峰进行科学考察的科学家发现，第四纪末次冰期之后，山区曾有过一个很温暖的时期，他们把它叫亚里期。亚里期气候温和，以杜鹃、蔷薇和绣线菊为主的高山灌丛上移，比目前的位置要上移约 300 米。当时珠穆朗玛峰周围有古人类居住，科考队员曾发现了他们遗留下的石器，基本是中石器时代的东西。显然，高山上的冰川比目前要小得多，使得气候比较适宜于人的居住。

二、小冰期

上述亚里期后，高山上冰川再度前进，绒布冰川一直到达绒布德寺，大于目前的绒布冰川 2.2 千米。根据我国古书《竹书纪年》记载，在距今约3000 年前，即西周初年，汉水曾经一度结冰。《诗经》收集的歌谣中也反映西周初年气候的确是很寒冷的。两相对照，可以认为绒布德寺终碛就是《竹书纪年》记载到的那次寒冷时期的冰川前进造成的。人们把它叫绒布德小冰期。最近在西藏东南部发现，相当于绒布德小冰期的冰碛经碳－14 年代鉴定为 2980 年 ±150 年。这证明《竹书纪年》的记载是完全可靠的。

绒布德小冰期并不是冰后期唯一的一次冰川前进。南宋偏安江南后，我国气候再度变冷，到清朝初年寒冷最盛。当时北京附近的大运河每年要封冻 107 天，现在不过 56 天。我国西部高山上的冰川在这个时期又猛烈前进。在西藏某些地区，当地人民传说中有冰川前进掩埋耕地和村庄的故事，据说只是几代人以前的事，这应当是完全可信的。这次冰川前进叫“现代小冰期”，现代冰川是它的直接继续。

现代小冰期的冰川前进在天山、祁连山和西藏地区留下的终碛比现代冰舌末端仅超出数百米，很少有超过 1000 米的。它们一般是在 19 世纪规模达到最大，有的则是 20 世纪初才达到最大。

我国冰川自 20 世纪 30 年代以来退缩很明显，但自 50 年代以来又有前进和稳定的趋势。西藏地区 60 年代降水有明显增加，年平均温度也下降。在藏北高原和昆仑山脉，我国科学工作者近年发现，许多冰川自 60 年代以来发生明显前进。西藏东南部的阿扎冰川在 1973 ~1976 年间冰舌虽有后退，但冰川中段则冰量增大加厚，预告冰川即将前进。祁连山的冰川自 1958 年以来后退也很弱，近年来物质平衡已转入很高的正平衡。看来现代小冰期还在继续。

冰川与生命

冰川上的生命

有些西方学者把雪线叫作“白色的死亡线”。但是生物界早已突破了这个“禁区”，人类在渐渐地征服这个“禁区”。

冰的形成，特别是生物体内水的冻结，是对生命的莫大威胁。但是生物界在冰冻威胁面前，并不是无能为力的，好多生物都找到了与冰作斗争的方法。

草木越冬，枝枯叶萎，而幼芽根茎却仍保存完好；长青的松柏，甚至枝不枯，叶不萎，面对严寒冰冻，昂首屹立。很多昆虫和动物，都有冬眠的本领。

虽然，目前在雪线以上的地区，还找不到一个永久的居民点。可是在南北极，在世界最高峰——珠穆朗玛峰上，早就踏上了人类的足迹。而且有不少生物，早就突破了雪线的高度，在那里安家落户，显示了顽强的生命力。

南极冰盖上的企鹅群，是多么繁荣兴旺的动物！这些有趣的冰水禽鸟，活跃、好奇，一点也不怕陌生的客人。它们有时在水中觅食，有时跳上冰块，栖息晒太阳，或者用脚蹼竖立着在冰上行走。它们的翅膀退化了，很像鱼类的鳍翼，稍微张开。

北极是海豹和海象的故乡。海豹身体较小，有丰富的脂肪和厚厚的皮，是油脂和皮革工业的好原料。北冰洋沿岸国家大量猎取，现在数量迅速减少了。海象较大，有长达4米、体重超过1吨的。海象头部长有1对象牙，是牙雕工艺的原料。海象的皮很厚，有3～4厘米，还有丰富的脂肪，肉也可以食用。因此长期以来，北冰洋沿岸的各国你争我夺，大量捕杀，使海象资源几乎濒于绝种，许多国家，不得不禁止猎取海象。

海　象

海　豹

白熊是生活在冰上的大型动物。它们猎食海鸟、海豹和海象，本领不小，被称为北极之王。不要被动物园里懒洋洋的白熊的假象迷惑了，北极冰块上的白熊，动作十分灵活，有时为了猎食一头海豹，追踪几百千米。

在我国西藏东南部的海洋性冰川上，有一种弹尾目的无翅膀昆虫，叫做雪蚤。雪蚤色黑，长度不到1毫米，常成群地栖息在冰川上，使局部冰面改变颜色。雪蚤能爬能跳，能在水面停留，早晚在冰面活动频繁，是它们的觅食时期。它们靠食风吹来的树木花粉过日子。在雪线以上的冰川粒雪区，还有一种冰蚯蚓，长2～3厘米，它们生活在冰雪和冰水中，其幼虫在

白　熊

0℃以下即能孵化。当严冬到来，表层冰雪温度降得太低时，它们就钻到冰雪深处躲起来。它们也是靠花粉和藻类为食物来源的。说起藻类，它们的生命可真顽强，在西藏东南部一些冰川上，发现许多藻类，有红色、绿色和金黄色的，种类繁多。

生物界存在着食物链关系，人们发现，有几种壁虱生活在冰川上，它们是雪蚤和冰蚯蚓的天敌，是冰川上的“食肉类”。

格陵兰冰盖上比中纬山区海洋性冰川冷得多，但就是在那里生物也找到栖息的地方。冰盖上常见有许多圆筒状的冰坑，深宽数十厘米或 1 米左右。冰坑中夏天盛满了水，底部有很多胶体物质。经过分析，胶体物质一部分是风吹来的尘土，一部分是蓝绿藻和霉菌。还有轮虫生活其中，靠藻菌过日子。这几种东西就在那个小天地里组成一个相互依存的生物世界。有些大型的冰坑，已经有一两百年的历史，这几种生物也已在其中繁殖了许多世代。

山岳冰川上也能见到活的大型动物。攀登珠穆朗玛峰的科学家，有一次就在 6000 多米雪线以上的地方和一只凶猛的雪豹狭路相逢。雪豹很能适应高山冰雪环境，在山坡雪地和冰川上经常留下它们觅食的足迹，和它们吃剩的动物尸骨。

雪鸡也是冰川区特有的珍贵禽鸟，在我国许多冰川附近都有。雪鸡不善飞，常栖息在冰川边缘的冰碛上，食蝴蝶之类的昆虫和雪莲等植物为生。它的颜色和岩石差不多，是天然的保护色。雪鸡生活的高度很惊人，在珠穆朗玛峰北坡，6000 米高度上还能见到它们。

雪 鸡

善飞的高山禽鸟创造了许多飞翔高度纪录。登山运动员在珠穆朗玛峰 7000 米左右的北坳上，见到过黄嘴山鸦。秃鹫在 8000 多米的高空中还泰然自若地飞翔。就连岩鸽本领也不小，有一次，登山队员看到一只岩鸽由南向北飞过了8300米高的山脊。

雪线附近的植物也不少。在珠穆朗玛峰地区5600米以上的地方，凤毛菊、垫状蚤缀、高山毛茛和龙胆等生长很好。各种鲜艳颜色的地衣苔藓在裸露的岩石和冰碛上更是斑斑点点，繁若星辰。在海洋性冰川地区，高山杜鹃种类繁多，接近冰川雪线生长。当春天万物苏醒时，各种颜色的杜鹃花迎风开放，另是一番壮丽景色。

凤毛菊

雪莲是冰川雪线附近的大型植物之一。在我国西部高山区，雪莲不止一种。天山、祁连山、唐古拉山和昆仑山，都有它们生长。特别是天山雪莲，幼株遍身披毛，夏天盛开时花大如碗，是一种很好的药用植物。《新疆中草药手册》把它列为珍贵药材，治疗风湿性关节炎很有成效，还有活血的功效。

淡水储量

南极洲冰的总量达2261万立方千米，占全球总冰量的85%，为此，南极地区在不久的将来可能成为世界上没有污染的最大实用淡水源。

有人可能会问：海水不是咸的吗？南极地区的冰，特别是南冰洋的封海冰又为何成为淡水源了呢？

是的，海水确实是咸的。据化验，地球上各大洋海水的平均盐度为34.48‰，因为盐度高，其冰点在-1.9℃左右。而淡水的冰点是在0.01℃。南冰洋的海冰是由海水凝结而成的，照理说它应该是咸的。但海冰所含的盐度却比海水要低得多，甚至天长日久的海冰融化后几乎跟淡水一样，可以当作食用水。因为冰是一种单矿岩，它的特点是不易同它物共处。它的原体水在结晶过程中会自动排除杂质，保持洁净。因而，海水凝结时形成的冰晶体已经把盐分排除出去，实际上成为含盐度很低（一般在0.5‰～15‰之间）的淡水冰了。被离析出来的盐分形成浓度较大的“卤水”，在海冰内以“盐泡”的形式存在，随着时间的推移，卤水因重力沿冰晶间隙往下移动，留于底部，到暖季时气温升高，就从海冰表面的孔洞中析出。海冰便成为淡水冰了。至于大陆上冰盖的水源则来自雪花，它所含的盐度则更微乎其微了。

南极的冰

不消说冰盖和封海冰的淡水量有多大，光是每年从南极大陆游离的冰山和块冰就达14000多亿吨，可以提供1000立方千米的淡水，等于1000亿立方米。若以目前世界每年用水量3000立方千米计算，足够供应全世界工农业用水和40亿居民喝用4个月之久。而南极大陆积存的2261万立方千米万年冰，如果全都融化成水，即使“坐吃山空”，不再增加新的冰层，那也可以用它7500多年。

水是生命之源，人类和动植物一刻也离不开它。

南极洲面积有1400万平方千米，95%以上的面积常年被冰雪覆盖，形成一巨大而厚实的冰盖，它的平均厚度达2450米，冰雪总量约2700万立方千米，占全球冰雪总量的90%以上，储存了全世界可用淡水的72%。有人估算，这一淡水量可供全人类用7500年。因此，南极洲是人类最大的淡水资源库，而且其冰盖是在1000万年前形成的，没有受到任何污染，水质极好。如果用南极冰盖的冰制成饮料，毫不夸张地说，它是世界上特等的纯净饮料。1986年10月在日本东京召开第八届南极矿产资源会议时，好客的日本国立极地研究所所长松田达郎先生就曾用南极冰招待贵宾。客人们，包括各国外交官饮后，全都赞不绝口。因为，南极冰不仅清纯甘冽，而且它在杯内溶解时，冰晶体中的气泡溢出会发出清脆的响声，美妙悦耳。

除了南极大陆的冰盖以外，南极大陆四周的海冰数量也相当可观。据美国国家科学基金会资料报道，在南极隆冬季节，海冰面积可达2000万平方千米；在夏季，虽然海冰面积大量向南退缩，也可达500万平方千米。南极冰盖由于受重力作用和大陆地形坡度的影响，不断从大陆内部向沿海流动，最后崩裂，坠入大海的冰层，成为漂浮的冰山。据估算，每年从南极大陆崩裂入海的冰山和冰块量达14000多亿吨，体积约1200立方千米。即使把这些冰山的10%拖运到干旱地区，也足以浇灌1000万公顷的农田，或者供5亿人口的用水。因此，这不仅对那些干旱缺水的国家有很大的吸引力，甚至连美国这样淡水资源相当丰富的国家也对开发南极淡水资源很感兴趣。漂浮在南大洋上的冰山总量约22万座，总体积约18000立方千米。有记录的世界最大的冰山，其面积有30000多平方千米，长333千米，宽96千米，比整个比利时还大。这座冰山是1956年11月12日美国“冰川”号船在南太平洋斯科特岛以西240千米处观察到的。所以，南极的海冰和冰山也是相当可观的淡水资源。

冰雪用途

爱斯基摩人

人们在日常生活中对天然冰的需求和利用越来越迫切和普遍。糖醋刨冰是物美价廉的消暑冷饮；交际场中碰杯畅饮的威士忌如果没有冰块就会喉头冒火；而冰川冰由于晶体中含有气泡而成为冷饮佳品，它在杯内溶解时会像汽水一样吱吱冒泡，喝起来别有风味；在医院的临床操作中靠冰的帮助做低温手术已经应用到断肢和脏器等的移植；在缺乏冰箱和其他冷冻设备的地方，冰镇就是盛暑保藏食物和某些药品的绝妙手段……由于制冰工业和冷库设备的高昂代价，驱使某些临近冰川的国家直接从冰川上采用天然冰，不仅耗资低，而且纯度大。高原陆锁国玻利维亚的商人开汽车到首都拉巴斯附近6882米高的伊利马尼山冰川上运冰到市场出售；墨西哥的啤酒厂也每年从冰川运来数千吨冰块。北极附近的爱斯基摩人善于就地取材将当地的积雪和冰砖围砌像蒙古包那样的冰窖雪屋。那些能工巧匠只要一把长刀用大块冰砖团团堆砌，不消多时便能筑成一座御寒防风的小小“广寒宫”……

然而，由于世界上某些国家和地区淡水水源缺乏，不消说那酷热腾腾的浩瀚沙漠和衰草离离的草原牧场，都虔望大量水源，以解长年之渴；就是那耕作频繁、井渠纵横的平原沃土和高楼林立、车水马龙的繁华市廛，也因为无节制地灌溉，不停顿地抽汲，使河渠干涸、深井枯竭，以致人龙争水，土地龟裂。干旱严重的灾区则是哀鸿遍地、饿殍盈郊。

日常生活中，冰雪带给人类的利益确实不少，几乎每个人都和冰雪打过交道。

一、制冰工业

赤日炎炎的夏天，当你为了生存孜孜不倦、努力拼搏的时候，一杯冰饮，顿时会使你感到心旷神怡。

从东海之滨到天山西陲，远隔千山万水。但是我们在伊宁市场上，可以看到金光灿灿的保鲜的黄花鱼，这就是靠冰的帮助，不远万里运输到那儿的。

我们看过电影《断肢再植》，深深被我国医务工作者的高超手术技术吸引了。而这里面也有冰的利用，断肢依靠冰的帮助，保持在低温下，才能更好地接活。

冰雪的利用已经广泛到使制冰工业成为现代工业的一个部门，几乎每个城市都离不开制冰工厂和冷库。

有些国家冰川离城市很近，人们从冰川上直接采用天然冰，或直接在冰川上修建冷藏库。墨西哥有一家啤酒厂，每年需用几千吨冰，主要从冰川上搬冰。玻利维亚首府拉巴斯，东南方向50千米就是高耸的伊利马尼山

(6882 米)，商人用汽车从冰川上拉冰，运到市场出售。格陵兰每年向环境严重污染的美国，大量出口纯洁的冰川冰。纯洁的冰川冰是一种物美价廉的冷饮料，由于冰中含有压力很高的气泡，放入冷饮杯内会像汽水一样噼啪作响。

二、冰道运输

冰道运输是航运在冬季封冻后的继续和发展。封冻限制了内河航运，却为冰上运输创造了有利条件。除了天然冰道外，还可以人工铺设冰道。

我国东北和华北，每年冬天经冰道运输的货物是不少的。趁冬季农闲时节，运送物资，既有利于国家，也有利于发展社会经济。

冬季更是林区的运输繁忙季节。砍伐的木材通过冰雪道从山上滑落到山下，装上爬犁由拖拉机运输到其他地方，是节省人力物力的好方法。

河流和湖泊上的天然冰面，冰厚在 50 厘米以上，汽车、拖拉机，甚至坦克，都能在冰上行走。但是要注意行车速度，高速前进的车辆震动很大，不坚固的冰容易开裂。

一般解放牌汽车，以时速 18～20 千米，拖带 10～15 吨货物，在严冬，通过 50 厘米厚的冰道，是比较安全的。

但是，河道与湖泊的天然冰层差异性是很大的，使用时一定要详细调查和人工养护。因为河流湖泊不是一下子就全封冻的，结冰厚薄不一，甚至有清沟和冰穴。初冬和初春，冰的温度高，强度因而比隆冬时低，其负载能力就差一些。另外，冰的结构不同，强度差别也很大。白色而多气泡的冰，是由冰花或积雪聚集冻结的，密度小，强度低，在上面开辟冰道不太安全；一定要通过时，可以人工喷水冻结加厚冰层。在冰层较薄的地方使用冰道，要铺上木板和铁条，像枕木似的横卧在冰道上，把负荷分配到更广的冰面上去。

三、战争中利用冰雪的故事

我国历史上在战争中利用冰雪的故事不胜枚举。

公元 3 世纪的三国时期，曹操在北方进行统一战争，与割据西凉的马超大战于潼关。在战争中曹操军队采用结冰法筑城，立下营寨，渡过渭河，打败马超。史书记载说：“时公军过渡渭，辄为超骑所冲突，营不得立；地又多沙，不可筑垒。娄子伯说公曰：‘今天寒，可起沙为城，以水灌之，可一夜而成’。公从之，乃多作缣囊以运水。夜，渡兵作城，比明城立。由是军尽得渡渭。”

公元8世纪的唐朝天宝年间，割据河北的军阀安禄山起兵叛乱。叛军在南下时曾利用冬季低温以人工促进河面结冰法强渡黄河。《资治通鉴》上是这样记录的：“丁亥，安禄山渡黄河，以约败船及草木横绝河流。一夕，冰合如浮梁。”

战争指挥者掌握有关江湖冰冻的科学知识，可利用它来克敌制胜。相反，则会贻误战机，甚至失败。唐朝时在青海湖有一场战争，甲方在湖中的海心山上驻扎数千士兵，以牵制乙方的后路。谁知隆冬青海湖封冻，乙方军队履冰而至，包围甲方孤军，轻易地把数千士兵全部消灭。

四、用冰雪作建筑材料

格陵兰和加拿大北部的爱斯基摩人，是建筑雪屋的巧匠。建造雪屋，除了长刀一把，不需要其他任何工具。适宜建筑雪屋的雪，最好是经风吹而变得密实的雪，用刀把它切成肥大的雪砖，一块一块互相挨紧，砖缝之间抹上一层碎雪作灰浆用。这些用雪砖砌成的小屋，是不是“寒宫”一座呢？

让我们来参观一下爱斯基摩人的雪屋吧。不少在北极寒风中冻得四肢发麻的旅行者，一踏进爱斯基摩人低矮的雪屋时，都不约而同地用动人的笔调形容了雪屋的温暖。有的说像沙漠中的游子遇到了清泉，有的说像漂流的海船遇到了大陆。的确，那怒啸的暴风和沁骨的寒冷已留在门外，雪屋中央一堆熊熊的篝火是多么惹人喜爱，篝火旁的北极

爱斯基摩人的雪屋

白熊皮上安详地坐着主人的一家大小，茶壶咝咝地冒着蒸汽，有时温暖得连毛衣也得脱下。此时此刻，旅行者怎么能不赞美雪屋呢？

随着生产建设和科学技术的不断发展，北极圈里出现了新的居民点，出现了新的城市，甚至在夏天还招引了不少人去旅游。因此，把冰雪作为建筑材料使用已日益广泛。

当然，冰雪作建筑材料，有很多缺点。首先是强度低。一般混凝土（不加钢筋）的拉力强度是20～30千克/平方厘米，压力强度是200千克/平方厘米；冰的拉力强度为12～15千克/平方厘米，压力强度为35～45千克/平方厘米；雪就更低了。除了强度低外，冰特别受不了长期的应力作用，哪怕是1千克/平方厘米的应力，也会引起永久变形。另一个缺点是怕热，春天一回暖，冰雪做成的工程就无法使用了，滑冰场就是一个例子。

由于这些缺点，限制了冰雪的利用面。所以有人开始研究人工提高冰雪构件的强度和延长它们在暖季的使用寿命的办法。

我们都知道，合金可以提高金属的各种性能。那么合成冰能不能提高冰的性能呢？试验结果表明，是可以提高的。加15%的锯末于冰中，冰的拉力强度可提高到50千克/平方厘米，压力强度提高到75千克/平方厘米。也有在冰中加钢丝或玻璃丝的，但钢丝不如玻璃丝好，因为金属吸收辐射的能力强，易于在周围形成液态水薄膜。玻璃丝能提高冰的强度达10倍之多，破裂时也不会全面裂开，只有局部裂纹。为了防止冰体的塑性变形，在冰中加些黏土，可以提高抗塑性能。雪除了加水冻结外，不能放置玻璃丝之类的东西。因为雪中掺杂其他东西，压缩时往往造成不均匀的内应力，容易破裂。

由于冰雪强度低，冰雪构件必须粗大厚实才行。飞机着陆，要求淡水冰厚13米、海冰厚1.8米，才能保证安全。用压缩雪砖或冰砖建筑桥梁或墙垣，都要比砖木结构厚实得多。

世界旱情与融冰化雪

一、世界旱情

世界上最大的位于非洲北部的撒哈拉大沙漠，面积达777万平方千米，如今这里仍然是荒无人烟的地区。要把沙漠改为良田，首要的问题是解决水源。在拉丁美洲，某些国家淡水资源极为缺乏，例如高原内陆国玻利维亚，四处是荒山秃岭；濒临太平洋的秘鲁和智利，也是一片干旱的土地。秘鲁的首都利马则是世界闻名的不雨城。智利有4000千米的漫长海岸线，安托法加斯塔以北完全是亚热带沙漠地区，几乎全年无雨。有些地方甚至几十年来从未下过一滴雨，阿塔卡马沙漠就是世界上著名的“旱极”。纵然智利旁边就是茫茫无际的大海，但由于海水淡化工程的开支过大，一时无法引海水灌溉，大片土地只好眼巴巴地荒芜而成为不毛之地。

阿塔卡马沙漠

在亚洲的蒙古草原上，由于雨水稀少，不宜发展农业。这里的牧民大部分还沿袭着千百年来游牧部落的传统做法——逐水草而居。

日本和西欧一些工业发达的国家，虽然都早有了设备俱全的供水系统，但工业三废（废水、废气和废油）对于饮水的污染直接严重危害到人身的健康。因此，寻求新的淡水源也成了这些国家迫切需要解决的课题，有的则已经提到日程上来了。

沙特阿拉伯王国位于阿拉伯半岛，西临红海，东濒波斯湾，广大地区属热带沙漠，沙漠占全国面积的1/2，雨量稀少。居民的食用水大部分靠海水淡化取得，少量靠开发地下水源加以补充。海水淡化目前的成本极高，每立方米将近80美分。尽管这等昂贵，但沙特阿拉伯仍不惜一切代价，要在近几年内把淡化海水的日产量提高到200万立方米。

20世纪70年代以来，地球上出现了大面积的严重干旱。非洲撒哈拉地区持续干旱达7年之久，1973年，尼日利亚因严重缺水造成一半以上的家畜渴死；澳大利亚出现了持续5年的旱情；英国东部也遭到了2个世纪来未遇的严重旱灾；亚洲地区旱情也十分普遍，我国曾在1972年发生了全国性旱灾，2010 年我国西南更是发生了百年一遇的重大旱情，这种异常气候驱使人们对充足水源的渴望。

二、融冰化雪

劳动人民在长期的生产斗争中，逐渐摸索到了不少融冰化雪的方法。

1. 黑化法的利用

河西走廊和天山山麓的各族人民，数百年来经常采用黑化助融法增加融水，以利于及时灌溉。尤其是敦煌和哈密地区的群众，在融冰化雪方面积累了丰富的经验。

欧洲阿尔卑斯山地区的群众，采用在田野积雪上撒黑土的办法，加速雪的融化，可以提前耕作半个月。

近代也有不少利用黑化法加速冰雪消融的事例。

我国东北小丰满水电站，冬春水库缺水，曾用飞机向周围积雪的山岭撒煤粉，以扩大水源。

西伯利亚的鄂毕河、勒拿河和叶尼塞河，都是南源北流的大河。夏天通航时节，河口往往还冰封未消。为了打通航道，就在冰上撒煤粉，可以提早通航 2 ~ 3 周。

大自然中天然黑化冰川加速消融的例子，各地皆有。特别引人注目的是冰岛和堪察加半岛，当火山喷发时，附近冰川溅落有大量深色的火山灰，大大加速了冰川消融，有几次甚至引起灾害性的洪水。

2. 我国西北地区的融冰化雪

我国西北地区，在那千里荒漠戈壁中，分布着片片绿洲。历史上河流改道，水量减少，地下水位降低和流沙的侵袭，都曾造成不少古城衰废。要保证绿洲的兴旺发达，水源的充足是首要条件之一。

可是，雨水和冰雪融水，往往集中于夏季，以致春水过少，夏水嫌多，有失均衡。如果不加人工调节，农业的稳产高产是没有保障的。

1958 ~ 1960 年，为抗击旱情，甘肃和新疆地区，曾大规模地开展过融冰化雪的试验研究，取得了一定的成绩。

我国西北干旱地区冰川的消融，主要靠太阳辐射热。太阳辐射占消融能源的80%以上，这对利用黑化法降低冰雪反射率来增加融水是最有利的条件。冰川上新雪的反射率常在80%以上，冰面反射率也近于50%～60%，只要撒上黑粉，就能迅速降低反射率。根据多年试验结果，均匀地撒播黑粉，平均能使新雪反射率降低25%～30%，陈雪反射率降低15%～20%，冰面反射率降低10%。试验证明，反射率降低后使消融量呈直线式上升。

但是，人工融冰化雪一定要选择有利的时机，一是要有较长的日照条件，二是要气温接近0℃。因此，冰川区适宜于人工融冰化雪的时间是4月下旬到6月中旬，因为这时天气比较晴朗，气温常在－5℃～5℃之间，日照时间也较长，冰雪面可消融时间每天可达8小时左右，一般日消融量折合水层可到2.5厘米，每平方千米冰雪面可出水2.5万立方米。而且此时也正值用水缺乏的关键时刻。

人工融冰化雪的效果，在争取提前下水解决春灌问题上是相当显著的，往往能在短期内使无水的河川恢复流水，使水量少的河流增加流量。在农田接近冰川而又缺乏其他水源的地区，如新疆伊吾县的盐池牧场，1960年以来，每年都组织群众上山融冰化雪，得到了农牧业生产的良好收成。而个别年份没有融冰化雪，农牧业生产就歉收。但是由于山区交通不便，人工融冰化雪的成本还比较高，所花的劳力也多了些，大规模搞只适合于特殊的干旱年份，而且在搞融冰化雪的同时，要注意防止河道的渗漏。

3. 高山河冰

除了冰川之外，高山冰雪资源中另一笔可贵的财富是河冰。

4月是高山沟谷河冰全盛时期，登上山巅，可以望见条条沟谷，银蛇偃卧。

高山河冰是由河水、泉水和冬春降雪层层冻结而成的，因而具有明显的层状结构，厚度可达2～3米。

祁连山和天山山麓的群众，融冰化雪首先是以高山河冰为对象的，因为它的位置比冰川低，消融早，接近农田和居民点。在河冰表面撒煤粉或黑土，能提前几周融化。我国河西走廊的农民，也有在河冰上挖沟，依靠流水的融蚀作用增加消融的。人工爆破河冰，增大冰体与阳光空气的接触面积，也能加快消融。

高山地区可以开发的水源不止冰川和河冰。凿通湖泊，疏浚沼泽，挖泉引水，防止渗漏以及开凿跨流域的引水涵洞，都可以增加水量，扩大灌溉水源。

4. 人工降雪

世界上不少国家进行过人工降雨的研究。据报道，一般情况下，人工降雨可增加20%左右的雨量。而高山地区人工降雪的成功率更大。因为高山区温度低、湿度大，人工给大气增加一些结晶核，就会很快促进降雪。特别是冷湿气流吹越山区上空时，人工降雪更容易成功。

人工降雪的催化物过去常用干冰。干冰是二氧化碳的固体状态，很像压结实的雪块。把它喷洒在云层中，就能促使水汽凝华结晶。碘化银也是人工降水的催化物。最近又发现四聚乙醛用于人工降水，效果好，价格低廉。我国科学工作者曾在祁连山和天山做过人工降雨和降雪的试验，收到一定效果。

如果我们能做到人工降雪，既抚育冰川，又利用冰川，就能充分利用高山上千万个固体水库，调节水源为人们的生产和生活带来方便。

征服冰山

漂泊的冰山，像一头美丽而又残酷的野兽，不知吞噬过多少人的性命。

1897 年，瑞典探险家安德莱与 2 名助手，乘“飞摩”号气球去北极探险。气球起飞后只离开陆地 300 多千米，便撞在冰山上失事。

1928 年 4 月，意大利探险队 16 名队员，乘坐“意大利”号飞艇到北极探险。飞艇在北冰洋里一头扑在一座带尖棱的大冰山上，撞坏了驾驶舱，有 7 人遇难。

海船遇到冰山也十分危险。北极海域，每年大约有 400 座冰山经过纽芬兰岛东部海面，那里正是欧洲到北美的大西洋航线的要冲。仅 1870 ~ 1890 年的 20 年里，就有 14 艘轮船在纽芬兰附近与冰山相撞而沉没，还有 40 艘船受伤。

航海史上最悲惨的事件，是英国巨轮“泰坦尼克”号与冰山相撞而沉没的事件。

“泰坦尼克”号是当时世界上最大、最豪华的巨型客轮，长250米，排水量为4.6万吨，共有16个密封舱，船底还是双层的，英国人夸它是条不可能沉没的船只。1912年，“泰坦尼克”号载着2300多位乘客，开始了横渡大西洋的处女航，由英国南安普敦开往美国纽约。

“泰坦尼克”号撞冰山沉没

当时，横渡大西洋的船只，如果赢得最高航速的话，归航时就可以在它的桅杆上，升起一条灿烂夺目的“蓝带”，就像现在世界冠军获得奖杯或奖章一样。这条船的老板，一是为了他的船上能升起蓝带，二是为了在交易所里投机获得成功，希望“泰坦尼克”号创造当时航行速率的世界纪录，就缩短原来的航线，改定了比正常航线偏北很多的航路。在偏北的航路上，有更多的冰山在前面挡路。轮船却不顾危险，开足马力前进。终于在一个晚上，与迎面而来的一座冰山相撞，造成了“泰坦尼克”号的沉没。纽芬兰岛上的营救船赶到出事地点，已过了3个小时，只救起800多人，还有1490人早已葬身海底。

据死里逃生的人说，“泰坦尼克”号在沉没前，船长下令先把乘客中的妇孺幼弱送上救生艇。危难中，为了保持人心镇定，船长又命令船上乐队人员坚持工作岗位，在甲板上奏乐，直至灭顶。这壮烈感人的场面，一时传为悲剧中的佳话。

就是在航海技术有了长足的今天，偶然还有海船触撞冰山的不幸事故发生。1959年，丹麦海轮“汉斯·赫脱夫特”号与冰山相撞，船毁人亡，死亡近100人。

为了避免这种悲惨的事件不再发生，现在，航行在有冰山拦路的海域上的船只，都装有电子设备，自动监测前进道路上的冰山。一旦前方有冰山出现，荧光屏上立即会显示出来。船长可以及时根据情况，避开冰山。在北冰洋里，还有专门的“国际冰情巡逻队”，密切监视冰山的活动，向过往海轮提供冰山动向的确实情报。海轮得到警告后，可以及时改变航线，避免与冰山接触。北冰洋沿岸有丰富的石油，海上采油的钻井平台，不能像船只那样躲开冰山，目前只能采取高昂的价格，在钻井平台附近，安排专门的船只守卫瞭望，一旦发现冰山漂来，赶紧牵引冰山偏离目标。

冰山尽管给人们带来了不少灾难，但冰山是淡水冰，曾经拯救过不少即将渴死的航海者的生命。在地球上淡水供应日益感到越来越紧张的今天，冰山，作为一种宝贵的淡水资源，正在引起越来越多的国家的注意。

1977 年 10 月，沙漠国家沙特阿拉伯的费萨尔亲王，用一架直升飞机，从阿拉斯加的波坦奇冰川上，取出一座 2 吨多重的小冰山，运往美国艾奥瓦州的艾姆斯。费萨尔亲王在这里举行了一次别开生面的鸡尾酒会，他把小冰山的纯净融水，掺入鸡尾酒中，与参加酒会的人频频干杯。

原来这里正在召开第一届国际冰山利用会议，有 18 个国家的 200 多位科学家汇集在衣阿华大学，共同探讨冰山的利用拖运问题。费萨尔亲王主持了这次国际会议，他是利用冰山的带头人，并创立了国际冰山运输公司。

费萨尔亲王的国际冰山运输公司，首先把目标盯向南极海域的冰山。该公司暂时不考虑北极的冰山，因为北极冰山大多呈金字塔状，体积小，拖运起来经济上不合算。而南极冰山，体积大，大多呈桌子状，便于拖运。其具体计划是，用几只拖轮，拖一座重量在 1 亿吨左右的冰山。为避免冰山大量融化，可以先在冰山四周铺上帆布或塑料布。估计这样的拖运计划，将会有 20% 的冰山融化流失，但到达目的地后，获得每吨淡水的成本只需要 50 ~ 60 美分。如果用海水淡化法获得淡水，则每吨成本接近 80 美分。

当然，拖运冰山，并不是费萨尔亲王的发明。早在 1853 年，曾有一位美国人将北太平洋的冰山拖运到旧金山。后来，又有一位秘鲁人，选择了南极的一座冰山，在冰山上插上船帆，让它从南极漂流到秘鲁。再后来，美国又有人用 3 艘海洋拖轮，把一座长 16 千米，宽 1 千米，高出水面 200 米的冰山，从南极拖到南美洲的西南角，然后让冰山随着洋流，自行漂向北美洲。

曾经有一位名叫约瑟夫·卡罗的美国发明家声称，他能够有办法把冰山运到世界各地，既不要船只，也不要燃料。他的办法仅仅是充分利用冰山与其周围海水温差所产生的动力。我们知道，海水的温度一般来说要比冰山的温度高出10℃多，这样的温差足以把液态氟利昂改变成气态氟利昂。氟利昂从液态变为气态时，产生巨大的压力，从而驱动发动机。氟利昂气体又可以通过导管送入冰山内部，使它还原成液态氟利昂。这样，氟利昂可以不断地循环使用。装上氟利昂发动机的冰山，便可像海船一样，根据人的意志航行到目的地。

拖运冰山

于1979年4月23日～27日在墨西哥首都举行的世界第三次水利大会上提出的有关报告指出，地球上拥有的水量约为145000万立方千米，其中97%是咸水。目前，全世界居民用水以及农业和工业的用水量已从1900年的400立方千米增加到3000立方千米。到公元2000年的世界用水量已达到6000立方千米。会上，来自六大洲的80个国家的代表就居民粮食生产用水、水力发电、海水淡化和水利合作等问题交流了经验。许多报告强调了合理用水的必要性，并分析了海水淡化问题。

迄今，已有不少国家的科学家认为取之不尽、用之不竭的南极淡水是今后向人类提供长期大量饮用淡水的理想仓库，有的已经写成论文在有关的国际会议上宣读，进一步实现“向南极冰山要淡水”或“南极地区取冰化水”的雄心勃勃的计划。

智利经济计划署和太平洋研究所曾经派出了3名科技人员到南极地区进行实地考察。他们回到首都圣地亚哥之后便向有关机构呈报了一份题为《供给智利北部水源的南极冰》的计划。这份长达90页的计划不仅认为从南极取冰化水具有实际可能性，而且还提供了一些具体技术设想。

澳大利亚与东南极洲的东部海岸相距只有2577千米，作为首都来说，堪培拉和新西兰的惠灵顿同南极大陆最接近。“近极大陆先得冰”，利用南极冰层作为淡水来源，澳大利亚和新西兰也早动过这个念头。这两个畜牧业很发达的国家，都想利用南极这个天然冰库来作为本国肉类生产的理想贮藏室。尤其是澳大利亚，它虽四面环海，但因受亚热带高气压及东南信风的控制和影响，沙漠和半沙漠占全国面积的35%。尤其是西部高原和内陆沙漠因受热带沙漠气候的支配，年平均降水量不足250毫米。干旱缺水使这个国家的耕地面积只占全国面积的2%，未经污染的、源源不断地从南极大陆掉进南冰洋的冰山就必然成为觊觎的对象。澳大利亚的科学家主张设法直接把座座冰山拖运到本国沿海。他们认为即使抵岸之时冰山融化一半，但比起用海水淡化法的耗费来，经济上似乎更合算可行。

人们设想从南极取冰并非直接从大陆冰盖着眼，因为难度太大。比较现成的是漂入海洋的冰山。千姿百态的冰山中又以小型桌状的"板型冰块"为宜。这种冰块说它"小型"，只是相对而言，其实却是庞然大物。它们一般宜于长途拖运的是长2～3千米，宽度最好是长度的1/4，平均厚度为200～250米。至于它的规模，打个比方说，有北京长安街上北京饭店四五倍高，长度约为从天安门到北京饭店，宽度要比天安门广场还大。这样的冰山浮在海洋上像一艘超级航空母舰，它的海面部分几乎有北京西郊的十四层楼那么高。物色这样的冰块可借助于现代化技术，通过雷达追踪、红外线探索、辐射测定和飞机空中摄影，或者利用近极轨道的人造卫星等。

如此巨大的冰块要让它按照一定的路线"搬家"，确非等闲之功便能奏效。为此专家们曾设计过3种方案：①用航标似的浮具围住冰块，再用船只在前拖曳；②用航船直接顶在冰块后面推送；③在冰块上装置发动机，像机动的冰船那样让其乘风破浪开动前进。但看来后两种方案均不现实，人们大致倾向于第一种办法，用浮具减少冰沉力，然后用大型远洋船只拖曳。据计算，像上面所讲的那种规模的冰山，只要用类似28万马力（1马力约合0.735千瓦）力的美国"企业"号核动力航空母舰1/3的动力便可拖拉自如了。

从南极拖运冰山，智利要比沙特阿拉伯更具有利条件。智利北部安托法加斯塔市距离南极大陆东海岸大约6700千米，如果考虑到途中种种不利的自然因素（如海上飓风、逆浪和地球自转偏向力）的阻挠，以1千米/小时的速度前进，那么有280天即可抵达目的地。因为洋流由南极向北流去时，智利的海岸线是必经之地，运冰时正可以借助这股自然力，来它一个顺水推冰舟。从南极到沙特阿拉伯腹地沙漠，比到智利北部旱区要遥远得多。南极洲西部到非洲之角就有 3700 千米的距离，再到位于沙特阿拉伯红海沿岸中部港口吉达则有两三倍的路程。南极冰山运到这里必须“过五关”：海浪关、阻力关、温差关、海峡关和输送关。

第一关是海浪关。冰山离开极地，从南冰洋进入印度洋，因为纬度和气候的变化，经常会有险风恶浪产生。海浪的侵蚀作用十分巨大，远航的海员都有经验，海浪经常像尖刀一样刮着航船厚厚的钢板，并以无情的碰撞力扑击着船体，一次远航之后船体外壳往往被剥蚀得很厉害，有时甚至变形，冰山的遭遇当然会更严重一些，海浪会不停地啃噬它，搏击它，使它出现很多沟槽和洞穴，体重逐渐减轻，甚至面临解体的危险。

第二关是阻力关。阻力来自多方面，主要是风浪、洋流和偏向力。南冰洋上气候多变，一会儿刮东风，一会儿刮西风。进入印度洋后也常有恶劣天气，猛烈的飓风掀起滔天的巨浪，或形成涡流，给冰山运输带来极大困难。由于风从西来，南冰洋表层水流主要是向东向北，到了印度洋内又与温带的反时针方向的环流会合，这股环流由南赤道流、莫桑比克暖流、西风漂流和西澳寒流组成。再往北就进入北印度洋的“季风洋流”带：冬季海水向西南流动，夏季向东北流动。到阿拉伯海后又受热带气候的影响，使洋流继续发生重大变化。这种变化不定的洋流流向会使冰山的远航经过曲折的路线，实际上因为走“冤枉路”而增加了好多距离。但有时作用于冰山上的最大阻力却来自地球自转时产生的偏向力。这种以 19 世纪法国数学家科里奥利命名的自然力——科里奥利力，会使冰山的前进方向产生严重的偏差。因此冰山前进时必须保持相应的角度，以便克服“科里奥利力”的捣乱。

第三关是温差关。冰山漂移在万里迢迢的航程中，从极地的寒带经过温带，最后进入热带。由于气候发生剧烈变化，巨大的冰山即使表面具有极强的反射力能把一部分阳光挡回去，或者北运时在它表面盖上一层尼龙罩布，避免冰体与阳光、空气直接接触而迅速蒸发。但它毕竟大量融化，体积不断缩小。到了沙特阿拉伯沿岸大概要损失 50%。即使如此，它的费用还要比海水淡化的成本节省 1/2 以上。

第四关是海峡关。冰山要从阿拉伯海进入红海，必须经过曼德海峡。曼德海峡两岸相距只有 26.5 千米，而且在这狭窄的通道上不是处处都能畅通无阻的。物色冰山时它的高、长、宽度必须有所选择，便是这个缘故。要是太高大了，便容易搁浅而挤不进去。

第五关是输送关。冰山进曼德海峡，到了吉达近岸就可以说已基本“大功告成”，但如何把巨大的冰山化成淡水输入内地却又是一个伤脑筋的问题。有的专家主张用激光把冰山切割成块装包递运；有的主张在靠近吉达港海岸 4 千米外的红海海面，或者干脆不进曼德海峡就在亚丁湾公海上就地人工融化，使冰山本身形成一个冰冻贮水池。做法是先设法融解中间部分，并保留其外壳。因为溶解后水的体积要小于原来的冰体，它就自然积存在外层冰壳之中而不致外溢。然后立即用水泵抽上岸去，通过管道设备或直接利用原有的饮水系统输往首都利雅得或其他缺水地区。这种贮水池冰层外壳漂浮在海面不能为时过长，不然就会大量融解流失。但只要不失时机地妥善处理，这部分融水也可以抓紧汲取。一则因为它是淡水，比重要小于海水，会浮在上面；二则，南极净水与倍受污染的混浊海水成分不同，一时不易混杂。

科学家早就注意到南极冰盖对整个地球的巨大影响。有人估计，南极冰盖全部融化成水，平铺在世界大洋的洋面上，能使整个地球的海平面上升 60 米。

1998 年年初，受全球厄尔尼诺异常气候的影响，中太平洋的许多岛国都经历了一次大水荒。原来常年多雨的中太平洋地区当时变得干旱少雨。在有山有河的大岛上，河流萎缩、水库干涸，连椰子树都成片枯死了。这使城市自来水供应严重不足，原先的 24 小时供水不得不变为分区轮流定时供水，有时一天仅供 2 小时自来水，有时不到 1 小时，如此坚持了 3 个多月，总算度过了最干旱的困难时期。那时候，在面积较大的海岛上，还能找出地下水来解渴。但在一些面积不足 0.5 平方千米又有人居住的小岛上，问题就严重了。这些珊瑚礁岛的地下略深处就是苦涩的咸海水。如果降雨丰富，因为淡水密度较轻，就会浮在岛下沙土中的海水面之上，形成一个“淡水透镜体”。连续 3 个月的基本无雨让小岛上的淡水透镜体几乎耗尽了。于是政府只好组织运输船，从大岛上运一部分未经处理的河水（不是自来水厂的水源，无法由自来水厂作水处理）。这时美国的联邦紧急救助委员会捐赠了几台海水淡化机器。岛国政府把机器装在运水船上，一边烧汽油使机器工作，将从海里抽上来的海水淡化成淡水后装在船中。同时船就在那些小岛间不停地航行，将途中制得的淡水卸到一个小岛后，再往下一个小岛驶去……

鉴于地球上人们对淡水资源的浪费和污染，地球上可供饮用的淡水资源逐渐减少。因此科学家们早就想到了将来解决地球上人们度水荒的一个办法。那就是去南极或北极拖运冰山。这个办法不可能普遍适用，但对有的地方来说，又是可行之策。

如果用最大的轮船来载运南极或北极的冰块作为淡水水源，那是绝对不经济的，因为一次最多能载运几十万立方米。拖运冰山则可以多多益善。虽然拖运时冰山表面会有融化损失，但是冰山的个体越大，损失就相对越小。世界上发现的最大冰山的水量就有 16 万亿立方米。

冰山怎么拖运呢？冰山的来源可以就地选材。从南、北极天然的几十万座冰山中完全可以来个优选。拖运和保护的方法倒可以加上高新技术的运用。比如将冰山的前锋切削成流线型，冰山的后尾可以安置火箭助推器，运程中用卫星定位系统监测并发布预报，使拖运航线上的船只避让。还有到港或近港后的淡水（冰）采集方法可以用激光切割，或海上平台加工传输等。真正到了缺水成为严重威胁时，相应的拖运实施办法肯定能更趋完善。

世界上一些淡水不足的国家，特别是非洲一些干旱的国家，以及澳大利亚、智利、巴西等南半球国家，都在研究开发利用南极冰山的可能性与技术方法问题。1973 年，威克斯和坎贝尔两人探讨了运输冰山到世界缺水地区的设想。1977 年，第一届国际冰山利用会议在美国艾奥瓦州立大学召开，从而将冰山拖往世界干旱地区利用的研究工作受到人们的重视。这次国际会议是由几个组织共同主办的，其中包括美国国家科学基金会和沙特阿拉伯的费萨尔国王基金会。沙特阿拉伯的穆罕默德·费萨尔王子为进一步促进关于利用冰山作为淡水资源的可行性的研究工作，于 1977 年由沙特阿拉伯提供资金，法国提供技术知识而联合创立了世界上第一个开发利用冰山的商业性企业——国际冰山运输公司。与此同时，他们还设立了一个国际性非营利研究基金会——冰山未来利用基金会，以鼓励科学家对有关冰山的形成、挑选、运输和全部利用等问题进行研究。

正如威克斯斯和坎贝尔两人所提出的那样，要把南极冰山作为淡水资源开发利用，有几个最关键的技术问题需要解决。第一是冰山的拖运问题，长达 10 多千米、宽 2～3 千米的冰山，要从南极洲沿海经过强风暴区和浩瀚的大洋拖至非洲或南美洲，要不使冰山随波逐浪或随风漂移，还要使它在拖运过程中不发生崩裂和尽量减少融化，这就需要很大马力的拖船才能实现。有的科学家甚至设想，把动力设备和导航仪器直接装在冰山上，把冰山驾驶到目的地。第二是冰山的水下部分很大［一般冰山水上、下部分之比为 1∶(4～5)］，一座水面高 60～70 米的冰山，其水下部分常达 200 米以上，这种冰山是无法拖运到缺水国家的近海岸的，因为那儿的大陆架深度一般小于 200 米。即使能把冰山运到近海岸，如何从冰山上取淡水也是个问题，不然在气温高的非洲和南美国家海岸，冰山会很快融化掉的。

据专家们研究，在千姿百态的南极冰山中，平台状冰山是最适于用拖的方式来运输的。而平台冰山集中的主要地区是艾默里冰架、罗斯冰架和菲尔希纳冰架。威克斯斯和坎贝尔两人认为，罗斯冰架和菲尔希纳冰架是运往非洲西南岸纳米布沙漠的最佳冰山来源地。艾默里冰架是运往澳大利亚的最佳冰山来源地。

虽然，开发南极的淡水资源比开发南极的矿产资源前途乐观，但是，实施拖运冰山计划所付出的投资和代价，又使人们望而生畏。有人对沙特阿拉伯的一个拖运冰山计划进行了预算，其费用需 100 亿～500 亿美元，这样大的一项投资，不下大的决心，是难以实现的。

由于现实问题和巨额投资的困难，到目前为止，开发南极的淡水资源还只停留在“纸上谈冰”的阶段，还没有一个国家把拖运工作做得很完善。但是，随着现代科学技术的飞跃发展，随着世界淡水资源的需求量与日俱增，且许多地方污染程度加快，完全可以相信人类开发利用南极冰山淡水资源的日子不会太远了。

综上所述，可以看出，在南极资源中，除了南大洋的几种生物资源已经成了人类的盘中餐和囊中物之外，无论是近海的油气还是大陆的矿产，在很大程度上都还只停留在想象之中。虽然铁、煤和淡水等确实具有相当可观的储量，但要真正加以开发利用，也绝非一件容易的事，更不用说近期用来造福于全人类了。

冰川奇观

现在让我们把视野从南、北两极的冰川上收回来，转移到我国西部的高山上，去领略领略那里的无限风光。

映入我们眼帘的首先是世界最高峰——珠穆朗玛峰。

珠穆朗玛峰

坐落在中国和尼泊尔边境上的珠穆朗玛峰，好像鹤立鸡群，气势磅礴地耸立在喜马拉雅山白雪皑皑的群峰之上。

米拉日巴在珠峰脚下山洞里修行的时候，就用神话故事中长寿女神五姐妹的名字，给珠峰附近的五座雪山命名，并把它们正式记载在《米拉日巴诗歌集》中。因为珠峰在五座雪山中长得最高，大姐的名字自然首先落到它头上，并一直沿用下来。

珠穆朗玛峰

珠峰的全名是“久穆拉缅扎西次仁玛”。现在通用的珠穆朗玛，是久穆拉缅的转音，藏语的正确读音应该是久穆拉缅。久穆拉缅在藏语里的意思是后妃神女。扎西次仁玛，藏语的意思是吉祥长寿神女。总起来，大姐全名的意思，是吉祥长寿后妃神女，也可简译为祥寿神女。久穆拉缅是大姐的尊称，扎西次仁玛是大姐的具体名字。人们习惯于用尊称部分来称呼大姐，久而久之，反倒把大姐的具体名字忘记了。

清朝康熙五十六年（公元 1717 年），中国当时的理藩院主事胜住（满人）和二位西藏喇嘛楚儿沁藏布、兰本古巴，在珠峰附近测绘地图，发现以大姐名字命名的这座金字塔形的山峰，是世界上最高的山峰。在 1719 年木板印制的《皇舆全览图》上，正式标出了珠峰的名称，当时标写为“朱母朗玛阿林”。这是珠峰名称第一次出现在正式的地图上。朱母朗玛无疑来自藏语久穆拉缅，阿林在满语中是山的意思。因此，珠穆朗玛阿林这个名称，实际上是藏语和满语的音译。

后来，在 1771 年绘制的《乾隆内府舆图》上，又将朱母朗玛阿林改写成“珠穆朗玛阿林”。同治年间绘制的《皇朝大清一统舆图》上，又把珠穆朗玛阿林标作“珠穆朗玛山”。珠穆朗玛这个名称，就这样约定俗成，正式用这几个汉字固定了下来。

从上面的地理历史资料中可以看出，珠穆朗玛峰是我国最早发现和最早定名的。但是 100 多年后，到了 1852 年，英帝国主义主持下的印度测量局，在珠峰南坡测量地图时，别有用心地说他们发现了世界最高峰，并用当过印度测量局局长的英国人额菲尔士的名字，来代替珠峰的名字，造成了珠峰名称在世界地图上的混乱。1952 年，新中国成立后不久，我国政府正式向世界宣称，将所谓的“额菲尔士峰”，正名为“珠穆朗玛峰”，从而恢复了珠穆朗玛这个名称的历史本来面目。

人类摘下第三极王冠上的明珠，要比征服北极和南极晚得多。1909 年 4 月 6 日，美国探险家皮尔里到达了北极极点。1911 年 12 月 14 日，挪威探险家阿蒙森到达了南极极点。直到 42 年之后的 1953 年 5 月 29 日，由英国组织的登山队，才从喜马拉雅山南坡，到达了世界第三极的极顶。当时登上顶峰的有 2 个人，一个是尼泊尔锡泊族人田津 · 洛克（尼泊尔名丹顿），另一个是新西兰养蜂人埃德蒙 · 希勒利。

当然，英国人从 1921 年起，就曾 7 次组织登山队，企图从珠峰北坡奇险无比的道路上登攀峰顶，但每一次都失败了。1922 年，英国登山队在北坳遇到雪崩，有 7 人葬身雪海。1924 年，英国著名登山家马洛里和欧文，也在海拔 8700 米处不幸滚坠而失踪。1934 年，英国陆军大尉威尔逊单身一人想征服珠峰，可惜他在海拔 6400 米处就不幸遇难。1953 年改从南坡登顶的希勒利，到达峰顶后，观测了珠峰北坡的地形，他啧啧嘴说，从北坡登顶是绝对不可能的。

珠峰北坡地形峻险，山脊峥嵘，冰崖嶙峋，雪崩频繁。其中有 2 道令人望之生畏的难关，一道是北坳天险，一道是第二台阶。但是，困难吓不倒年轻的中国登山队，1960 年春天，他们从北坡向珠峰挑战了。

天险北坳的顶部，海拔 7029 米，是东绒布冰川和绒布冰川顶端交界处的一条冰雪刃脊。它像一座 400 米高的冰墙，屹立在珠峰和它的姐妹峰章子峰之间，是通向顶峰的必经之路。这里冰崩雪崩严重，经常有成百上千吨冰雪，突然崩泻而下，遇者无不丧生。要到达北坳顶部，还必须通过一条两壁高达 30 多米、坡度在 80 度以上的冰胡同。

北坡天险被中国登山队打开了。

5 月 24 日，惊心动魄的向顶峰的最后冲刺开始了。

这天早晨，王富洲、刘连满、屈银华和贡布 4 人，从设在 8500 米的突击营地出发。4 人前进不久，在 8570 米处遇到了著名的难关第二台阶。这是一道陡峭壁立的悬崖绝壁，高 20 多米，几乎无法找到攀登的支撑点。他们只能利用岩缝和绝壁上的微小凸起，运用手指和脚尖的力量，像壁虎似的，一寸一寸向上挪动。接近台阶顶部最后 3 米时，岩壁变得更是笔直而光滑。身强力壮的刘连满一连攀登了 4 次，跌落了 4 次。看起来单人只身是无法上去了。刘连满决定搭人梯，他让屈银华踏着他的双肩向上攀登。在这样的海拔高度，严重缺氧，身体不适，气温又在 -30℃以下，任何一个细小的动作，都会给全身带来严重的反应。刘连满气喘不止，呼吸困难，两腿剧烈打颤，眼睛金星直冒。但他一直咬紧牙关坚持着，把屈银华托上去，又托贡布。这最后 3 米悬崖，竟使他们苦斗了 3 个小时。

4 人战胜第二台阶爬到 8700 米高度时，天渐渐黑了，带的氧气也剩下不多了。刘连满因为帮助战友而过度疲劳，体力衰竭到极点，走一两步，就会不自然地摔倒。党小组临时决定他留下，其余 3 人继续前进。刘连满靠在一块避风的岩石旁，这时他很需要吸点氧气。可是他立即想起正在与顶峰拼搏的战友，决定自己宁愿丧失生命，也要把最后一点氧气留给战友们凯旋归来时使用。

王富洲、屈银华和贡布，到达8830米高度时，所带氧气全部用完。他们默默地互相看了一眼，抛掉氧气筒，又前进了。头痛、眼花、气喘、无力，这一切高山病残酷地折磨着他们。爬上一块1米高的岩石，就需要半个小时。但一个坚强的信念激励着他们——一定要登顶！一定要为祖国争光！他们匍匐着一点一点地向前挪动。爬过一段浮雪的山坡之后，四周再没有可以攀登的山岩了。王富洲、屈银华和贡布3人，终于在5月25日凌晨4点20分，把世界最高峰踩在了脚底下，创造了人类首次从北坡登上珠峰的世界纪录。

乔戈里峰

喜马拉雅山是世界上最高的山脉，名列第二的呢？要数只有400千米长的喀喇昆仑山了。喀喇昆仑山，维吾尔语是“紫黑色的昆仑山”之意。它坐落在我国新疆西南部与克什米尔交界的地方，是中国习惯称为葱岭的一部分。虽然它山势雄伟，高峰耸峙，平均海拔在6000米以上，但自古以来，这条大脉的不少山口，却是中西交通的重要隘口。法显、玄奘、马可·波罗，这些历史上著名的人物，都曾瞻仰过喀喇昆仑山峥嵘崔嵬的身姿，并为它惊叹不已。

世界上14座8000米以上的高峰，除了喜马拉雅山的10座，还有4座均在喀喇昆仑山上。它们依次是，世界第二高峰乔戈里峰（8611米），第十一高峰迦雪布鲁姆一号峰（8068米），第十二高峰布罗德峰（8047米）和第十三高峰迦分布鲁—姆二号峰（8035米）。这4座

乔戈里峰

高峰集中在方圆不到 30 千米的范围旦，是喀喇昆仑山的顶梁。

想当年，也不过在几十万年前，当喜马拉雅山还没有隆升到今天高度的时候，喀喇昆仑山也曾经是地球上最高的山脉，乔戈里峰也曾经独占过鳌头。随着岁月的流逝，后来者居上，它甘心退居第二。

尽管退居第二，但乔戈里峰仍是世界各国登山家最喜欢攀登的高峰。早在 1902 年，已有一些探险家就试图征服它了。由于当时技术装备的限制和乔戈里峰附近雪崩冰崩的频繁，一直未能如愿以偿。半个世纪之后，直到 1954 年，乔戈里峰才被意大利登山队的 2 名队员，从巴基斯坦一侧的东南山脊，爬上了顶峰。1978 年 9 月 7 日和 8 日，美国登山队有 2 次共 3 人不用氧气，登上了乔戈里峰。然而，乔戈里峰北坡中国一侧，还沉睡在大地上。1977 年 4 月，中国登山队派出一支 6 人侦察组，对从北坡登顶的线路进行了实地侦察。

从北坡登顶的路线，将是一条充满艰险的道路。沿着 22 千米长的乔戈里冰川，到达冰川源头的粒雪盆之后，便会遇到 2 个冰瀑区。第一个叫第一平台，海拔 5800 米；第二个叫第二平台，海拔 6300 米。这里地势陡峻，平均冰坡达到 40°，而且裂隙纵横，深不可测，好像张着大口的猛兽，稍不注意，便有掉进冰川裂隙遇难的危险。闯过这道难关之后，从冰瀑区上端到达东北山脊，沿着这条山脊可以一直达到顶峰。但东北山脊陡峭异常，冰崩雪崩严重，随时可能把人送进深渊。

说来有趣，世界上中低纬度地区山地冰川最发达的地方，是在喀喇昆仑山。地球上中低纬度山区，一共有 8 条长度超过 50 千米的大冰川，其中有 6 条居住在喀喇昆仑山。它们的名字叫厦呈冰川（75 千米）、巴尔托洛冰川（66 千米）、彼亚福冰川（60 千米）、巴托拉冰川（59 千米）、富士帕米冰川（59 千米）和却哥隆玛冰川（55 千米）。还有 2 条，一条居住在帕米尔，名字叫费德钦科冰川，长 77 千米，是中低纬度地区最长的冰川；另一条居住在天山，名字叫南依诺尔刃克冰川。

乔戈里峰南坡的冰川很大，长 66 千米的巴尔托洛冰川就卧眠在它的山脚下。这条冰川犹如一条在山巨蟒，穿山破谷，蜿蜒游下，气势十分磅礴。

乔戈里峰北坡我国境内的冰川，比南坡的显然要小。这里从东到西排列有 4 条冰川，它们是斯克扬冰川（18 千米）、乔戈里冰川（22 千米）、隆波拉戈冰川（35 千米）和音苏盖堤冰川（41.5 千米）。这 4 条冰川，与喀喇昆仑山的其他大冰川比起来，当然是小弟弟了。尽管是小弟弟，它们的个子还是不算小的。就拿音苏盖堤冰川来说吧，它的面积有 329 平方千米，远远超过地中海岛国马耳他、印度洋岛国马尔代夫的个子了。

音苏盖堤冰川，是我国境内最长的冰川。到目前为止，我们还没有发现比它更长的冰川。祁连山最长的冰川是老虎沟冰川，长度只有 10 千米。昆仑山最长的冰川是玉龙冰川，长 30.5 千米。西藏最长的冰川是卡钦冰川，长 35 千米。天山我国境内最长的冰川是土格别里齐冰川，长 37.8 千米。这些名山大脉冰川中的佼佼者，都比不过音苏盖堤冰川。但是，如果从冰川面积来说，音苏盖堤冰川在我国只能名列第二。蟾宫折桂的是位于天山主峰托木尔峰（7443 米）东侧的土格别里齐冰川，它虽然比音苏盖堤冰川短 3.7 千米，面积却有 352.5 平方千米，比音苏盖堤冰川大 23.5 平方千米。顺便还要提一下，中低纬度八大冰川之一的南依诺尔切克冰川，长 60.8 千米，它的上游在我国境内，下游却在吉尔吉斯斯坦境内，为两国所共有。因此它暂且不能算是我国境内最长的冰川。

山中无老虎，音苏盖堤冰川也就在我国称大王了。但是，这条状如树枝，仿佛是用白珊瑚堆砌成的冰川，毕竟是由 700 亿立方米冰雪组成的冰的长河，你可不能对它等闲视之。如果把它融化成水，相当于 1000 个十三陵水库的蓄水量。怪不得山下绿洲里的居民，把冰川比喻成是高山固体水库了。

人们对于“之最”的东西，总是怀有一种莫名其妙的好奇心。那么，我国这条最长的冰川，有些什么值得向你介绍的特色呢?

爬上冰川，极目所望，音苏盖堤冰川冰面地貌的两大特点，清清楚楚显现在你的眼前。

一是裂隙多如牛毛。

这条冰川上游的各支冰流上，纵横交错，密密麻麻，发育着各种形状的冰裂隙。有的如新月，有的像蚕眉，有的赛如击剑运动员用的剑条，有的好似大海里刚打捞上来的鳗鱼。数量之多，密度之大，在其他冰川上是少见的。1892 年，西方探险家荣赫鹏到这里来探险时，看到冰川上有这么多的裂隙，不由得写道：“如此数量的宽而深的冰裂隙，是我在其他冰川上从没见到过的。”他因此把音苏盖堤冰川称作为“裂隙冰川”。现在西方有些出版物上，在谈到乔戈里峰时，偶尔说起的裂隙冰川，就是沿用荣赫鹏的旧称。

二是冰塔赛如繁星。

这条冰川从冰舌中部出现零星的孤立冰塔开始，一直到雪线附近的皱形冰塔，冰塔林的长度有30千米之遥。冰川上耸立有如此众多的冰塔，是极为少见的。珠峰绒布冰川的冰塔林，长度不过是5.5千米，已经使人们赞不绝口，流连忘返了。当然，这里的冰塔，数量多是多，但个子要比绒布冰川上的小。尽管如此，它们也是千姿百态，壮丽非凡的。除了一般的金字塔状、宝塔状、城楼状、圆锥状和柱状冰塔外，有的像正要发射的火箭，有的像张着大口的狮头，有的像刚跃出水面的海豚，有的像搏击长空的苍鹰。更为神奇的是，有的冰塔顶上还戴着石帽，像冰蘑菇，像动物园里顶着皮球嬉戏的海狮，像柳宗元《江雪》诗里的“孤舟蓑笠翁”。

在音苏盖堤冰川上漫步，使人仿佛走进了一座巨大的水晶林园。在这座很难走到尽头的林园里，处处是银雕玉塑、珠光宝气。它既不同于山水甲天下的桂林山水，也不同于园林甲江南的苏州园林。它标新立异，别具一格，比北国的冰灯展览丰富多彩，比国际的冰雕大赛绚丽多姿。

林园里有冰桥。造桥的匠人是冰川上的流水。它把桥洞越冲越宽，越冲越深，简直能与我们祖先创造的石拱桥媲美。当然，冰桥上没有装饰的栏杆，也没有桥灯，但有些冰桥的气势很是宏伟，绝不是人间修造的桥所能比拟的。

林园里有冰墙，有的是冰川河流冲蚀成的陡岸，有的是陡峭的冰塔一壁，有的是冰崖，它们往往与冰面垂直，高度在30~40米之间，插翅难登。冰墙上的花纹十分美丽，也有褶皱，很像帷幕被轻风撩起时形成的襞裥。

林园里有冰芽。它们好像雨后春笋，挺立在冰川上，有1米多高的，也有2米多高的。这些零零落落散布在冰塔间空地上的冰芽，不显眼，不成片，但却把园林点缀得大小匹配、高低错落，妩媚迷人。

林园里有冰钟乳。它们常常成排成排悬挂在冰崖边，好像一架水晶竖琴。大概只有童话里的青蛙公主才会弹动这架竖琴吧。

林园里有河流，也有湖泊，有喷泉，也有隧洞。俗话说：“无限风光在险峰”，能够饱赏眼福，亲临实地去享受这种林园风光的，只有那些在攀登上不畏艰险的人。

祁连山巅

我国除了喜马拉雅山和喀喇昆仑山的冰川落地有声外，昆仑山和天山的冰川也很著名，而且数量比较惊人。这两条大山的冰川数目都在五六千条以上，冰川面积在10000平方千米上下。但是因为发育冰川的这些高山，地势险恶，深居内陆，交通不便，人迹罕至，人们一般对它们都比较陌生。

独有甘肃和青海交界处的祁连山冰川，虽然规模不大，面积只有2000多平方千米，在中国西部山区排座次只能名列第十。但由于它地处河西走廊干旱地区，冰川融水对当地的工农业生产起着举足轻重的影响，所以很早就引起人们的注意。我国开展冰川的研究工作，就是从考察祁连山冰川开始的。

祁连山

皑皑祁连雪峰，以它威武的姿态，挺立在青藏大高原的北部边缘上。它蜿蜒曲折，好像一条巨蟒，东西横亘800千米。它挺拔峻峭，好像一根天柱，直插云天5826米。

古代匈奴游牧民族，看到此山白雪盖顶，高耸入云，就把它叫做祁连山。匈奴语称天为祁连，祁连山的意思即是天山。根据司马迁写的《史记·匈奴传》里记载。西汉武帝元狩二年（公元前121年），为了打通去西域的通道，派骠骑将军霍去病“将万骑，出陇西”，破匈奴，直达酒泉。从此，祁连山的名称，便正式载入我国史册。

祁连山的冰川融水，哺育出山麓地带丰美的草场。自古以来，就吸引了西北地区各游牧民族的注意力。据史料记载，最初，祁连山麓居住着大月氏和乌孙两个游牧民族。大月氏游牧在今天的张掖酒泉一带的山麓草场。乌孙游牧在敦煌一带，占据西部祁连山麓。当时河西走廊的北部荒漠里，另有一个强悍的匈奴民族，它所占据的地盘虽然浩瀚无垠，却缺少水草，因此非常想得到祁连山的肥沃草场。公元前206年，匈奴贵族终于发动了一场侵略战争，倾巢而出，把大月氏和乌孙赶到了中亚和伊犁河谷，独占了祁连山。

远在秦汉以前，我国的丝织品已经通过河西走廊远销西域各国。但这时匈奴占据祁连山后，交通被阻塞。建元三年（公元前138年），汉武帝派张骞第一次出使西域，就在河西走廊被匈奴贵族扣留了10多年。所以汉武帝下了决心，派霍去病抗击匈奴，祁连山区和河西走廊，从公元前121年起，正式归属西汉王朝管辖。

河西走廊

历史上，祁连山的冰川融水，曾经使河西走廊的经济，十分繁荣昌盛。据《汉书》记载：公元前102年“益发戍甲卒十八万酒泉、张掖北”。司马迁的《史记·平淮书》里也记载：“河西开田官，斥塞卒六十万人戍田之。”现在内蒙古额济纳旗附近的古居延海，汉代曾有80万人在那里屯垦戍边。到了唐代，河西走廊的经济更是繁荣。当时的山丹城，有60条街。外国商人在这里做生意的，络绎不绝。942年，大食国著名作家伊宾墨到山丹作客，竟把它误认为是“中国王城”。我国灿烂的艺术宝库敦煌，当时曾是中西方经济文化交流的中心。类似现在世界博览会这样的经济交流会，在敦煌多次举行。当时的元宵灯会，长安第一，敦煌第二，扬州第三。

现在，祁连山的冰川融水，通过发源在冰川上的各条河流，流到河西走廊的，每年就有10亿立方米水。它滋润了草场，灌溉了农田，它使工厂冒烟，又使绿洲兴旺。

这条养育了千百万人的山脉。说起来叫人难以置信，它也是从海洋里升起来的。2.3 亿年前，地球上并没有祁连山。现在被叫作祁连山的这块地方，曾是汪洋一片。那个时候，今天祁连山和天山的广大地区，是一个连在一起的长条形的海洋。这个海洋，地质历史上叫作祁连山—天山海槽。海槽向西伸进中亚，好像一齿象牙，触向欧洲，与古大西洋沟通。海槽向东浸没秦岭，好像一柄宝剑，一直伸到我国东部，与古太平洋相通。

当时的海槽里，生活着形形色色的三叶虫，奇形怪状的介形虫，大大小小的鹦鹉螺，五颜六色的珊瑚虫。它是一个海洋生物的天堂。

2.3 亿年前，我们的地球上，发生了一次被人们称为华力西造山运动的地壳变动，祁连山—天山海槽地区，发生了翻天覆地的变化。海槽南岸的塔里木古陆和柴达木古陆，好像被什么神奇的力量给按了下去，变成了内陆盆地。而海槽本部的海底，却像吹足了气的皮球，鼓了起来，露出海面，形成了古祁连山和古天山。

古祁连山的出现，改变了西北地区的自然景观，原来的海洋匿迹了，代之以峻峭的高山。

不过，山脉仿佛也有生命，它也会衰老。雄伟的古祁连山，经过 1.5 亿年岁月的煎熬，到 8000 万年前，它实际上老态龙钟得面目全非了。峻峭的地势几乎被削平，再也看不见一座挺拔的峰峦，除了一些剥蚀成坟墓似的残丘外，其他地方几乎都成了平坦的夷平面，好像被一把巨斧削平了一样。

7000 万年前逐渐开始的喜马拉雅造山运动，使老态龙钟的古祁连山奇迹般地“返老还童”了！这次造山运动不仅出现了青藏高原，出现了喜马拉雅山，也迫使地处青藏高原边缘的古祁连山强烈地向上抬升，造成了今天高山峥嵘、低谷横卧的祁连山脉。当山体上升到雪线以上的高度之后，便在上面发育了冰川。

祁连山深居内陆，水汽来源少，降雪不太丰富。因此，祁连山的冰川，与冰川大家庭里其他成员比起来，显得小了一些。

就拿祁连山著名的高峰祁连峰附近的冰川来说吧，最长的一条冰川，不过长 6 千米，面积只有 7000 多平方米。跟我们在上面介绍过的那些大冰川相比，实在羞于开口。

不过祁连峰的银冠，却美丽得像一面镜子，吸引过不少探险家和登山家的注意。遗憾的是，这座海拔只有5564米的雪峰，迄今为止，谁也无法踏上它那由冰雪笼罩着的峰顶。祁连峰是走廊南山的最高峰，过去，走廊南山一直被人们误认为是祁连山的本干，所以人们轻率地把“祁连”的美称套在走廊南山的最高峰头上。

其实，祁连山的最高峰不在这里，而在疏勒南山上。那里有一个高峰，名叫团结峰，海拔5826米，在祁连山的所有高峰中，独占鳌头。团结峰附近，是祁连山很著名的冰川中心，那里有3条在祁连山排得上座次（前7名）的大冰川，一条长8800米，一条长8400米，另一条长6900米。即使是排得上座次的大冰川，说出来也是声细气短的。

那么，祁连山还有没有值得称颂的大冰川呢？

倒是有一条。这条冰川居住在柴达木盆地北部的土尔根达坂山上，名字叫依克夏哈楞郭勒冰川，面积有55.55平方千米。这是一条好像变形虫似的覆盖在一个平顶山塬上的平顶冰川，是祁连山最大的冰川，也是我国最大的平顶冰川。遗憾的是，虽然它是祁连山的冰川之王，毕竟与其他山区选出的冰川之王相比，个小体矮，相形见绌。因此有关它的事迹，就很少见于经传了。

祁连山名列亚军的冰川，是大雪山的老虎沟冰川，长10千米。这是一条很典型的复式山谷冰川。

祁连山的冰川，个子是小了些，在冰川大家庭里排不上席面。但祁连山冰川附近的雪莲和雪豹，却叫人刮目相看。

雪　莲

雪莲，是冰川雪线附近生长的一种大型草本植物，属于菊科凤毛菊属。因为它的花蕾有些近似于出水芙蓉，人们喜爱它，就用雪中莲花的形象给它命名。

它喜欢在贫瘠的冰碛中生长，6 ~7 月间开花，高三四十厘米，还有一股浓郁得醉人的药香。清代学者纪晓岚被贬谪居乌鲁木齐，看到天山雪莲，把它写进《阅微草堂笔记》里，说雪莲“此花生极寒之地，而性极热”。的确，雪莲是一种名贵的中草药，《甘肃中草药手册》说它有除寒湿、活筋血的功效。

雪豹，是在冰川雪线附近生活的一种大型猛兽。雪豹的外形很像金钱豹，不过头比较小，尾巴特别长。它的性格极为凶狠残暴，被人称为“高山之霸”。它喜欢白天睡觉，傍晚出去觅食。岩羊、黄羊、青羊等野生动物，都是它的狩猎对象。有时它也袭击羊群和牛群，甚至敢袭击人。单是酒泉地区这段祁连山上，现在还有雪豹 300 多只。

雪　豹

西藏江南

一、西藏江南的美景

海洋性冰川地区常年受到印度洋西南季风和太平洋东南季风的沐浴，水汽充沛，降雪量非常可观。这些地区冰川雪线附近的年降雪量，如果把它融化成水，能够达到 2000 ~ 3000 毫米。台湾省是我国降水量最丰富的地区，那里的年降水量达到 2000 毫米以上。对比之下，这些冰川地区的降雪也可称得上非常丰富了。丰富的降雪，为冰川提供了充足的物质来源，促使这里的许多大冰川的冰舌，一直伸进郁郁葱葱的原始森林之中，有的甚至伸入到亚热带森林里。远远看去，山顶白雪皑皑，山谷冰川皎皎，山坡绿树葱葱，山洼湖水涣涣，湖光山色，冰川森林，别有一番旖旎风光。世界上，大概只有新西兰南岛西海岸地区的一些冰川风光，可与这里媲美。

正是这个缘故，人们把西藏东南部的一些地区，称为“西藏江南”。

西藏江南

打开西藏地图，你可以看到有“天河”之称的雅鲁藏布江，东流到林芝波密一带，拐了个大转弯，向南穿山过峡，流入恒河平原入海。雅鲁藏布江河谷，既是河水的通道，同时又是气流的通道。从孟加拉湾恒河口登陆的印度洋暖湿气流，沿着布拉马普特拉河宽阔的河谷，频频向东北方向输送大量水汽。这股暖湿气流，在印度的萨地亚附近遇到地形阻挡，拐向北上，顺着雅鲁藏布江河谷，好像暖气通过管道一样，来到墨脱、波密、林芝一带地区。也许它的本意还想继续北上，恰好念青唐古拉山陡峻的山体挡住了去路，于是它只好懒洋洋地停滞下来，裹步不前，化为绵绵雨雪，滋润了西藏东南部的大片土地，使这里的气候非常湿润。人一到这里，与高原的环境截然相反，仿佛是转了 180 度的弯，耳目为之一新。你看，到处是山清水秀，林木葱茏，青峰叠翠，云遮雾障，好似到了江南水乡。怪不得人们把这块地方，称为西藏江南了。

站在雅鲁藏布江的河岸上，你看岸上的棕榈树在微风中婆娑起舞，香蕉林一片翠绿。波光粼粼的水田里，绿油油的稻秧，好像喷了一层清油，正在使劲拔高。要不是雅鲁藏布江的浪花时时托跃出一条条西藏裸鲤，真会让人感到自己仿佛到了西双版纳。说起这里鱼儿的多，可借用一位诗人的诗句：“我不知道鱼在水中游，还是水在鱼中流。”

从河岸向上望，是海拔一两千米高的郁郁苍苍的山坡，这里生长着茂盛的亚热带森林。浓密得几乎很难钻进人的森林里，有木兰科、檀香科、番荔枝科的各种奇花异树。单是杜鹃，这里就有 10 多种不同的品种。森林里还有一种奇怪的树，直接在树干上开花结果，人们叫它“老茎生花”。

再向上望，你便能看到海拔两三千米高的由阔叶林和针叶林混合组成的原始苍茫林海了。这里的原始森林有多少，目前还无法说清楚。要说密林深处的树有多大，直径一两米的百年老树比比皆是。由于交通不便，这里的居民靠山吃山，靠水吃水，过河就用大树做成独木舟。有一只独木舟，曾经装载过 18 个人和 6 匹马，你看这棵树有多大？这大片原始森林，是极珍贵的自然资源，它们不仅调节了气候，保护了土壤，涵养了水源，而且许多野果可以食用、可以酿酒，木材可以架设桥梁、建造房屋。

森林线以上，你看到的又是另一番景象了。那里披冰戴雪，好像一位位白发苍苍的老人。条条游龙般的冰川，沿着山谷逶迤而下，银蛇飞舞，一派北国风光。

这真是“一山有四季，十里不同天”。春夏秋冬，各种自然风光一齐挤到了同一幅画面上，如同从西双版纳的热带雨林风光，一直画到了南北极的冰雪世界。

人灵地杰，西藏江南的瑰丽风光，吸引过许多动物在那里安家落户，也吸引过古人类在那里繁衍生息。

中国科学院青藏高原考察队的科学家，有一次在西藏江南的林芝盆地里，发现了一块似牛非牛的牙齿化石。这到底是一种什么动物的化石呢？经过鉴定，原来是一种已经灭绝了的古代野牛的牙齿化石，与野牛的牙齿化石一起发现的，还有一些古植物化石。这些化石经过科学家们的鉴定，它们已经在地下躺了 3. 5 万多年了。

这些化石所提供给我们的信息，说明远在 3. 5 万年前，今天的林芝盆地里，有一个面积很大的古代湖泊，名叫林芝古湖。当时林芝古湖周围的环境，比现在要温暖湿润，湖水盈盈，水草丰美，湖畔的山坡上生长着各种龙脑香、望天树、银叶树和青皮，完全是一片热带雨林的景象。这头野牛，也许是想到湖中觅食鲜嫩的水草，也许是想到湖中痛痛快快洗个澡，不幸陷进泥潭，葬身湖底。经过几万年岁月的煎熬，它的牙齿变成了化石，告诉人们它曾经在这里生活过的消息。

大约 3 万年前，林芝一带的气候显然变得寒冷了。林芝古湖的湖水逐渐干涸，活跃在古湖周围的野牛，适应不了寒冷气候，销声匿迹了。

到了七八千年前，林芝一带又重新变得温暖湿润，平均温度比现在高

3℃ ~4℃。于是，又重新出现了林海苍茫、松涛阵阵、花香鸟语、云雾缭绕的美丽景象。古人类中的一支部落，被林芝一带的肥沃土地和丰富猎物所吸引，开始在这里定居下来。正当我国黄河流域仰韶文化（大约 6000 年前）大放光彩的时候，几乎与西安浐河流域半坡人同时代的古林芝人，在这块丰饶的土地上，也创造出了灿烂的文化。

在环绕林芝县城的尼洋河畔，考古学家发掘出不少新石器时期的文化遗址。其中大名鼎鼎的要数林芝砖瓦厂文化遗址了。这座取土烧砖过程中发现的文化遗址里，有大量石器，包括制作得已经很精细的石刀、石片、石锤、盘状石器和穿孔石器。其中有一件琢磨得十分光洁的石斧，叫现代人加工到如此程度，也要费尽一番心血呢。在制造石器的同时，古林芝人也会制造陶器。出土的陶器中，品种已经很齐全，有大口罐、细颈罐、碗、盘、盖等。在我们中华民族灿烂的古代文化遗产中，古林芝人作了杰出的贡献。

二、西藏最大的冰川

西藏江南最大的特色是在那里发育有我国最多的海洋性冰川。我国共有海洋性冰川 9500 平方千米，西藏东南部占去 8000 多平方千米，横断山脉还有 1450 平方千米。西藏东南部的海洋性冰川，集中分布在唐古拉山东段、念青唐古拉山东段和喜马拉雅山东段。其中以念青唐古拉山东段的冰川最多，也最典型，长度超过 10 千米的大冰川屡见不鲜。在雅鲁藏布江大拐弯处，有一条很著名的支流易贡藏布江。在易贡藏布江上，又有一条不太出名的支流八玉沟。想不到八玉沟的源头，是块藏龙卧虎的地方，那里盘踞着一条我

卡钦冰川

国最大的海洋性冰川——卡钦冰川。这条冰川是念青唐古拉山最大的冰川，也是西藏最大的冰川。

从地图上看，卡钦冰川的外貌特征似乎很简单。它长 35 千米，面积 172 平方千米，冰川末端终止在海拔 2530 米的原始森林里，其中有 10 千米的冰舌掩藏在绿树浓荫之中。

如果你实地到冰川上去考察一番，会发现卡钦冰川隐藏着无数的奥秘。

沿着易贡藏布江溯流而上，不久就可以到达它的支流八玉沟。八玉沟是一条古代冰川曾经栖息过的古冰川谷地。古代冰川最强盛的时候，这条河谷里，全部被冰流占据。在较长时间的冰川作用下，这条宽约 2 千米的谷地两旁，被古代冰川侵蚀出来的悬崖绝壁到处可以见到，有的崖壁高达几百米，壁立如同斧削一样，可见冰川的侵蚀力量是何等强大。现在的谷地里，到处是苍翠的林木。野桃花盛开时，红艳得像晚霞；桃林果实成熟时，沉重得使枝条弯下了腰。还有成片成片的野核桃林和木瓜林。从松杉老树上悬挂下来的松萝和葛藤，好像翡翠串成的珠帘，缠缠绵绵，袅袅婷婷。林间空地上，千姿百态的菌类植物屡见不鲜，蘑菇、香蕈、木耳、猴头菇，垂手可摘：奇异珍贵的药用植物种类繁多，三七、天麻、灵芝、羽叶参，俯拾即是。

穿过层层密林，才能达到卡钦冰川的前端。这里有一个美丽的小冰湖。卡钦冰川的融水被一些冰碛阻塞，就形成这种小冰湖。冰川学上把它叫作冰碛阻塞湖。卡钦冰川的冰崖直接伸到湖岸，从冰崖上崩落下来的冰块，好像一艘艘大大小小的航船，在湖中缓缓游弋，景色十分迷人。

然乌湖

不少冰川的末端，都有这种冰碛阻塞湖。像唐古拉山碑加雪山下的坡戈冰川，它的冰舌甚至伸进湖中心，形成漂浮冰舌漂荡在湖面上。一般冰碛阻塞湖都不大，但也有面积很大的。像林芝县的八松湖，长13.5千米，宽2.2千米，人们在这个湖上，利用湖水落差，还建成了一座水电站。

左拐右弯，爬过一道道冰碛，才能正式登上卡钦冰川。冰川表面被一层冰碛覆盖着，冰碛上还生长着各种开出红、黄、蓝、紫小花的植物，甚至有树龄在10年以上的杨树、桦树、杉树、沙棘等高大林木生长，使人一点也不觉得自己站在冰川上了。冰川上有生物，这是海洋性冰川的特征之一。因为海洋季风气候在夏季高温多雨，使得这里的冰川温度几乎处在融点上。怪不得冰川上的林木花草和冰川两岸的森林，是这样生气蓬勃。更有趣的是，在横断山脉的冰川附近居然开辟了梯田，一些耐寒的农作物，在那里茁壮成长，频频向冰川招手致意呢。这恐怕是世界上很难见到的奇观了。

越向上走，冰碛逐渐稀疏。不久就露出冰川真面目来。

卡钦冰川的中部，出现了海洋性冰川上特有的弧拱构造。它们好像医疗照片上的脊椎骨，又好像百足蜈蚣的脊背，一节叠着一节，一层连着一层，中间前凸，两侧后弯，形象十分壮观。弧拱构造开始部分的弧线和凸起，比较模糊，越向上，弧线越清楚，凸起越明显。如果你走到弧线处仔细观察，它们很像被车轮碾过后留下的车辙。

这种壮观的冰川弧拱是怎样形成的呢?

一种观点认为，它是由于海洋性冰川上冬夏季节降雪量差异过大而造成的。海洋性冰川的主要降雪季节是在夏季，加上夏季雪崩冰崩多，促使冰体流动加快，这样就形成了凸起。在冬季，降雪明显减少，冰川流动缓慢，这样就形成了凹部。每一年，就形成一个凸起和一个凹部，也就是说，一年形成一节弧拱，犹如树木年轮一样。几十年形成的几十节弧拱连接在一起，就出现了冰川弧拱构造。

另一种观点认为，它是由于冰川冰的疏密程度不同而造成的。夏季的积雪温度高，又有融水渗入，它在后来变成冰川冰的过程中，冰体比较密实；冬天的积雪，相对来说，比较疏松，变成的冰川冰，也显得疏松。这些疏密不同的冰川冰，在逐渐流动的过程中，密实的冰体，不容易融化，而疏松的冰体，比较容易融化。久而久之，密实的冰体显露出头角，疏松的冰体显露出弧形小沟，就变成了一节节弧拱。

这两种观点，似乎都有一定的道理。到底哪一种更接近真理，那是冰川学家要去验证的事。

卡钦冰川上有一种近似老鼠的东西，人们叫它“冰老鼠”。其实，它不是动物，而是植物。如果你捉起一个来，掰开看一下，冰老鼠肚子里没有五脏六腑，仅仅是一团黏土，外面包裹着的是一层苔藓。这种苔藓，学名叫高山墙藓，能在冰上繁殖。最初时候，一些高山墙藓黏附在黏土团上，由于冰面融化，促使这些黏土团在冰川上滚移，苔藓球也就越滚越大，逐渐变成橄榄形或椭圆形。初初看去，真像一群毛茸茸的老鼠伏卧在冰川上伺机捕食。

当然，卡钦冰川上也有活的生命。

最出名的当推雪蚤。雪蚤很小，只有1毫米长，是一种完全生活在冰雪里的弹尾目无翅膀昆虫。它有一条伸缩灵活的尾巴。这条尾巴是雪蚤全身最重要的器官，依靠尾巴的力量，它能灵活自如地弹跳到空中，依靠尾巴的伸缩，它能把食物钩进躯体再慢慢进餐。因此，也有人把它叫做冰上弹尾虫。雪蚤的颜色较深，它们成群地生活在冰川上，能使局部冰雪面改变颜色。它们能爬能跳，能在水面停留，特别喜欢早晚在冰雪面上活动。它们不怕冰冻，夜晚和冰雪冻结在一起，白天冰雪稍有融化，它们又活跃起来。雪蚤主要靠捕食微风吹来的植物花粉和从海洋里飘浮到空中的海藻为生。

真正祖祖辈辈离不开冰雪的，是生活在冰川粒雪盆里的冰蚯蚓，学名叫作冰川华线蚓。它长20~30毫米，颜色深黑，与雪面相映，很容易发现它。它们夏天在雪面上活动，一到冬天，就钻到雪层深处过冬。它们耐寒冷，能在雪里孵化幼虫。它们也吃花粉和海藻为生。

生物体内水的冻结，是对生命的莫大威胁。雪蚤和冰蚯蚓，为什么不怕冰冻呢?

原来，这两种小小的生命，在它们的祖先移居到冰川上来居住以后，适者生存，逐渐在身体里合成出一种叫作抗冻蛋白质的东西。这种物质能够降低血液的冰点。根据科学家在南极的研究资料，一些在0℃以下冰水中游来游去的南极鱼，它们身体里也有抗冻蛋白质。如果南极鱼的血液里没有这种物质，那么，鱼血在－1℃时就会冻结，鱼也就冻僵了。但是，鱼血里含有抗冻蛋白质，鱼血的冰点就能降到－2.1℃以下。像卡钦冰川这样的海洋性冰川上，冰川冰的温度几乎一直处在0℃左右，即使是冬天，冰川表面的温度降到零下几度，但在雪层里面，温度还是保持在0℃左右，冰蚯蚓们在里面过冬，环境非常舒适呢。

易贡湖畔

在八玉沟与易贡藏布江汇流处不远的地方，有一个美丽的湖泊，长20千米，宽2千米，像一块长条形佩三，系在易贡藏布江这根裤腰带上，它就是易贡湖。湖的四周，雪山环绕，松杉遍野，果木成林，气候宜人，真是一个风景如画的美丽地方。易贡，藏语的意思，就是美丽的地方。

谁能想到，这样一个美丽的湖泊，它的年龄只有80多岁，而且在它呱呱坠地时，还演出过一场触目惊心的悲剧。

19世纪以前，这里没有湖泊，易责藏布江流经这里，畅流无阻。1900年藏历7月间，湖泊下方的那条名叫章陇弄巴的河流，在断流15天后，突然爆发了一次特大的冰川泥石流。那天下午，天气异常闷热，人好像在蒸笼里似的，感觉十分难受。突然间，山谷雷鸣，大地颤动。正在劳作的人们，预感到征兆不好，惊惶失措地逃往山上。只见山下峡谷里，一股深褐色的泥石稠浆，犹如一条张牙舞爪的暴龙，翻江倒海，穿过章陇弄巴峡谷，向下游去。暴龙的龙头，张开血盆大口，吞噬掉沿途的一切东西，很快越过易贡藏布江，切断水流，向对岸山坡逆坡冲去。直到它精疲力竭之后，才缓缓停歇下来，这时它的身体已经在易贡藏布江上，筑成一道七八十米高的拦江大坝。从此，这里出现了易贡湖，地图上开始绘出它的形状，标出它的名字。这次冰川泥石流，冲毁了章陇弄巴沟口的全部房屋和农田，来不及赶走的牲畜也被泥石流掩埋了，还有7名骑在马上的猎手，来不及逃走，连人带马，被泥石流裹走。

在海洋性冰川地区，由于夏季冰川融化得非常厉害，常常引起冰川泥石流灾害。

在离易贡湖东南方向不到100千米的地方，那里也有一个泥石流壅塞而成的湖泊，名叫古乡湖。1953 年 9 月 29 日深夜，位于念青唐古拉山的古乡冰川围谷中，大量蓄积的冰川融水，突然携带着泥沙滚石，形成一股浓浊的洪流，奔腾咆哮着穿峡而出，在雅鲁藏布江的另一条支流尤普藏布江河谷中，堆积成一个东西宽 3 千米，南北长 2 千米的扇形石海。石海堵塞了江水，形成了古乡湖，也切断了川藏公路，迫使公路改线。这次泥石流的龙头，据看见它的老人说，足足有 40 米高。泥石流龙头上带出的一块花岗岩巨石，长 20 米，宽 12 米，高 8 米，体积 1500 立方米，重量有 4000 吨。它漂浮在翻滚前进的龙头上，好像一艘颠簸的航船，十分壮观。这块巨石，迄今为止，是世界上所知的泥石流带出的最大石块。幸亏古乡泥石流的路径远离居民点，否则它带给人们的灾难，真不堪想象。

泥石流是山区的一种破坏性极大的特殊洪流。除了冰川洪水能引起泥石流爆发外，其他洪水也能促使泥石流爆发。这种特殊的洪流中，泥沙岩石的含量往往达到 60% ~90%，能够搬运几吨、几十吨，甚至上千吨重的巨石。可以想见它的破坏力是多么强大了。它沿途无坚不摧，毁坏森林，掩埋房屋，吞噬农田，冲塌桥梁。它带起的气浪，也有极大的破坏力，像 1970 年秘鲁一次冰雪泥石流引起的气浪，竟然把一块 3 吨重的石头，抛到 600 米之外的地方。

世界上泥石流袭击城镇的事例，不胜枚举。

1921 年，苏联天山北坡发生一次泥石流，300 万立方米泥浆石块，顷刻之间，一齐涌进了中亚名城阿拉木图，天昏地暗，一片惨状。

1958 年，中国天山南坡发生一次泥石流，隆隆呼啸着的泥石流龙头，像一位不速之客，突然伸进了古代西域四镇之一的库车县城，把人们惊得四处逃窜。

1970 年，秘鲁安第斯山发生一次泥石流，3000 万立方米冰雪泥石，以将近 300 千米/小时的高速，飞进山下的容加依城，把全城彻底摧毁，2 万居民全部蒙难。

这么说来，在山脚下居住，该要成天提心吊胆了。

那倒不必。因为并不是所有的山区都能爆发泥石流的。爆发泥石流的地方，需要同时具备 2 个条件：①水文条件，有存在洪水的可能。②物质条件，有大量泥沙碎石。如果是特别大的泥石流，还需要具备第三个条件，这就是地形阻塞条件。

让我们看看章陇弄巴沟源头，生出易贡湖的那次泥石流是怎样形成的吧。

章陇弄巴沟的源头，是一个葫芦瓢形的小盆地。盆地的四周，几乎被悬崖峭壁所包围，峭壁上，贴挂着10多条大小不一的冰川，冰崩和雪崩非常频繁。到了夏天，这里的降水很多。虽说降水中，只有20%左右是以雨水降落的，其他80%是以雪的形式降落的。但由于夏天气温高，冰雪融水也很丰富。这些雨水和冰雪融水有部分就积聚在小盆地里。这是泥石流发生的水文条件。

同时，在小盆地的盆底里，有一层厚达100来米的冰碛（这是在几万年前的那次冰期中，这里的冰川比现在大得多，冰川孜孜不倦地侵蚀刨挖山坡，而在小盆地里遗存下来的“礼物”）。这些松散的大小不等的冰碛，是泥石流发生的物质基础。

这个小盆地的出口，又是一个很典型的狭谷形态，很像个漏斗管。这个状如漏斗管的峡谷，又非常曲折，左拐右弯，跌水也多，水流中夹带的泥沙稍多一些，泥沙就会淤积，极容易造成壅塞。

1900年夏天，章陇弄巴沟就曾被搅拌着的混凝土似的泥石壅塞过，而且断流了15天。在这15天里，冰川上的融水大量积蓄在小盆地里，排泄不出。融水浸泡了冰碛，使冰碛更加疏松。恰好15天后，那天天气又闷又热，冰川大量融化，融水注入小盆地里，超过了极限，终于形成一股势不可当的洪流，宣泄而下，形成了那次泥石流。

一般来说，大的泥石流，平时沉默寡言，但它不鸣则已，一鸣就十分惊人。然而，只要掌握它的脾气，摸清它的活动规律，人们总是能够找到避免它危害的办法的。

可悲的是，人们盲目地破坏自然，引起生态平衡失调，本来没有泥石流的地方，却出现了可怕的泥石流。这种教训，更要引起我们注意的。

在云南东川乌蒙山脉西麓，有一条不知名姓的小河，全长只有12.7千米。它的水流汇入小江后，奔向金沙江。后来有人在河上修了一座桥，这条小河就得名叫大桥河。

站在大桥河的桥上，你可以看到远处蔗田片片，剑麻簇簇，桥下却是一片布满泥石沙砾的荒滩。这块荒滩的面积，有3.5平方千米，它像一块牛皮癣，长在美人的脸上，实在大煞风景。

陌生人做梦也不会想到，这块牛皮癣般令人恶心的荒滩，它居然在历史上曾经与“碧谷”这样一个春意盎然的名称联系在一起的。300多年前用蝇头小楷毕恭毕敬书写的地方志上，分明记载着，这里名叫“碧谷”。碧谷者，绿色的山谷也。

中国古籍虽然记载极为省略，但地方志上还是用了一些篇幅，描述了碧谷当年的繁荣风貌。这里曾是云南昆明到昭通的必经之路，也是一个货物集散的理想场所。当时的大桥河两岸，有农田四五千亩（1亩≈666平方米），每到秋天，稻香扑鼻，蔗林摇曳，芭蕉串串，木瓜累累，一片丰收景象。在肥畴沃野中，河水清清，鸡犬相闻，分布着深沟村、半边街村等七八个村庄。每当深沟村和半边街村逢集赶街的时节，来自左村右庄的男女老幼，来自天南海北的商贾游人，熙熙攘攘，好不热闹。在半边街村的街道上，还开有客栈仓房，专供来往商旅马帮居住屯货。

到底是什么原因，使当年的碧谷，变成了今天一毛不拔之地的荒石乱滩呢？

是不合理的人为活动，导致了大自然的报复。

大约在10世纪，东川地区发现了铜矿，人们就开始采矿炼铜了。东川的铜远近闻名，用途十分广泛。昆明市郊区的太和宫金殿，几乎全都是用东川的铜浇铸而成的。在生产手段极为落后的封建朝代，没有长远的生产规划，盲目采用杀鸡取蛋的生产方式，炼铜贪图方便，完全采用本地的木炭做燃料。用木炭炼铜，消耗的能源十分惊人，即使在最理想的情况下，每炼出粗铜500克，就需要木炭5千克。就拿清朝乾隆年间来说吧，东川铜矿每年产铜已经达到800万千克。也就是说，每年要消耗掉8000千克以上的木炭。这些木炭，必须砍伐10平方千米以上的森林才能烧制出来。就这样长年累月不间断的毁林烧炭，使大桥河源头一带的原始森林破坏殆尽，变成了水土不能保持的荒山秃岭。一旦出现特大暴雨，泥石流骤然而发，淤积在碧谷里，掩埋了村庄，掩埋了农田。

蜀山之王

我国另一个海洋性冰川分布的地区是横断山脉。

长征组歌里有一首《红军不怕远征难》的歌曲，歌中唱道：“横断山，路难行。”

横断山是我国西南部一条很著名的山脉，西起雅鲁藏布江大拐弯东北侧的伯舒拉岭，东到四川盆地的西南部边缘地带，包括西藏东部、四川西南部和云南西部的广大地区。我国的山脉，大部分是东西向分布的，唯独这条山脉，与众不同，是南北向排列的。也许是这个缘故，人们把它叫作横断山。

横断山脉

横断山由一系列南北向的山岭共同组成，在山岭之间都有急流奔腾的大河。山顶与谷底的高差，在2千米以上。如果你来到竖穿横断山的怒江岸边，就会看到西岸的高黎贡山和东岸的碧罗雪山，像两座高插云天的屏风，对峙在怒江两岸。岸上的农田、村落、溪流、森林和冰川，好像是挂在屏风上的图画。这些高山、深谷、急流，阻隔了东西交通。有句民谚说：“对山喊得应，走路要一天。”古籍上记载这里的情况时说：“关山险阻，羊肠百转。”又说：“地险路狭，马不能行。”想象中国工农红军，当年前有阻击，后有追敌，长征在横断山中，怎么能不“路难行”呢？

因为横断山的河谷，基本上是南北走向的，印度洋西南季风，穿行在河谷中，通行无阻。因此，河谷里的气候，又湿又热，四季常青，不少地方生长着热带和亚热带的植物。山腰里，气候又变得凉爽湿润，适宜林木生长，分布有大片大片的原始森林，是我国仅次于东北林区的第二个大林区。到了山顶，由于高处不胜寒的自然规律，常常是披冰戴雪，冰川四溢。

横断山最东的一条山岭叫大雪山。在大雪山的中段，有一座海拔 7556 米的高峰，它就是横断山的最高峰贡嘎山。

贡嘎山

贡嘎山好像一座披着冰雪甲胄的金字塔，气势磅礴，巍峨壮观，很早就被人们誉为“蜀山之王”。贡嘎山，是藏族同胞起的名字。“贡”在藏语里有至高无上的意思，“嘎”是雪白的意思，因此，贡嘎山的藏语之意，是最高的雪山。现在居住在贡嘎山西坡木雅乡的藏族同胞，相传是古代西夏的后裔，称为木雅人，所以从前也有人把贡嘎山称作“木雅贡嘎”。

这座蜀山之王的美丽圣洁，很早就引起了人们的注意。公元 12 世纪的南宋诗人范成大，在他就任四川制置使时，在峨眉山上看见了它，竟被它的雄伟风貌吸引住了。从峨眉山到贡嘎山，直线距离 140 千米，天气晴朗时，眼力好的人，就能一眼看出它的英姿来。如果你带着望远镜，那么，贡嘎山东坡的 2 条大冰川，也能清清楚楚地呈现在你的面前。

贡嘎山附近共有冰川 100 多条，面积达 297.77 平方千米。从冰川的规模来说，与我国西部那些高山比起来，是不大的。但是贡嘎山的冰川，在我国冰川中却占有非常特殊的地位。我国冰川分布的最东界线，就到这里为止。同时，它又是一个最接近人烟稠密地区的海洋性冰川分布区。

这里的降水（雪）量，几乎可以与雅鲁藏布江大拐弯处媲美。贡嘎山东侧不到 100 千米的雅安，是四川著名的降水丰富区，素有“天漏”的雅号。贡嘎山雪线附近的年降水（雪）量，达到 2000 毫米以上。丰富的积雪为这里的冰川发育创造了有利的条件。

在这座蜀山之王的胸膛上躺卧着的 100 多条冰川中，有 4 条比较出名的大冰川，它们是西坡的贡巴冰川（长 12.4 千米）和东坡的海螺沟冰川（长

14.2 千米）、磨子沟冰川（长 12.2 千米）、燕子沟冰川（长 9.7 千米）。这 4 条冰川的面积，就占去贡嘎山冰川面积的 37%。

贡巴冰川是一条由南北两条支流汇合在一起的复式冰川。在支流的汇合处，由于地势陡峻，发育有气势非凡的冰瀑布。古代木雅人同胞非常崇拜贡嘎山，特地在贡巴冰川下修筑了一座喇嘛寺。

燕子沟冰川，发源在贡嘎山北侧，先向北流淌，然后逐渐拐成一个漂亮的弧形，流向东方。冰川上裂隙很多，冰川表面的冰层，好像波浪似的凹凸不平。冰川两岸的山坡上，长满了松木杉林，风景优美。

磨子沟冰川，是贡嘎山面积最大的冰川。但这条冰川，一直默默无闻，甘当无名英雄。登山家和科学家来到贡嘎山时，很少有人想到它，更不用说去看它一眼了。

贡嘎山上名声最响亮的冰川，是海螺沟冰川。它的面积虽然排列第二，但它的长度却蟾官折桂，是贡嘎山最长的冰川。而且它又是攀登贡嘎山的必由之路，人们经常和它打交道，自然对它最熟悉了。

海螺沟冰川的出名，还在于它美丽得像一只海螺。卧藏在森林里的冰舌上，那环形的冰川弧拱，极像海螺壳上的饰纹。冰川弧拱上面洁白的冰雪，似乎正是从海螺壳里伸展出来的白色躯体。远远看去，海螺沟冰川，仿佛像一只蠢蠢欲动的活海螺，正在向贡嘎山顶慢慢爬去。

海螺沟冰川，有 5 千米伸进古木参天的原始森林中。冰川两岸的山坡上，各种高山杜鹃，好像花展一样，争妍斗丽，给本来就已经是美不胜收的冰川风光，更增添了无限春色。黑压压的云杉林，肃穆庄重，被杜鹃花镶了一层花边，更显得苍茫了。林间到处有奇花异草，林间沟谷里到处有深涧飞瀑。假如把这里辟为天然公园，一定会吸引很多游客的。

海螺沟冰川的末端，终止在海拔 2850 米的地方。它是一座高耸的冰崖，约有 100 米高。冰崖的下方，有 2 个出水洞，当地老乡叫它城门洞。顾名思义，这 2 个出水洞，很像城门洞。冰川融水就从城门洞里流出。夏天水流湍急，挟带有不少泥沙，冬天冰川断流，它就是非常奇趣的冰洞了。在 20 世纪初，城门洞的出水口在现在位置以下 1 千米的地方，说明 100 多年来，海螺沟冰川是在退缩。但是几万年前的那次冰期里，这条冰川曾经前进到 15 千米开外的大渡河畔。

爬上海螺沟冰川，冰面表碛很多，起伏不平，行走比较困难。但是冰川上冰面湖泊触目皆是，还有时歇时喷的冰水喷泉、吼声如雷的冰磨坊等妙趣横生的美妙景致，使人乐而忘忧。有时还会遇到一个冰井，深不见底。一条冰面河流栽进冰井，消失得无影无踪，只留下淙淙水声。

海螺沟冰川上最引人入胜的，莫过于海拔 4000 ~ 5000 米之间的那个大冰瀑布了。这个大得出奇，高得惊人的冰瀑布，宽达 1000 多米，垂直高差也达 1000 米。它从海拔 5000 米的冰川粒雪盆口倾泻而下，龙腾虎跃，冰雪翻滚，气势异常壮观。怪不得有的探险家，一看见它，就给它取了一个颇为动人的名字，叫它是“可畏的美人”。这是迄今为止，我国冰川上发现的最大的冰瀑布。

所谓冰瀑布，就是冰块形成的瀑布。河流形成的瀑布，想你是很熟悉了。我国最大的瀑布是黄果树瀑布，它宽达 20 多米，水势汹涌澎湃，从 70 米高的陡崖上直泻而下，拍石击水，惊心动魄。但是黄果树瀑布，与海螺沟冰川上的这个大冰瀑布相比，简直是小巫见大巫，不值一提了。

在这段冰瀑布上，表面看起来，它好像纹丝不动。实际上，冰块是在经常不断地向下翻动着，因此冰崩非常频繁。翻动着的冰块和崩落下的冰块，在冰瀑布脚下，形成了美丽得无法形容的花环形状的冰川弧拱。从冰川粒雪盆里倾出的原生冰，经过冰瀑布 1 千米路程的翻绞，像是经过绞肉机里的生命体一样，似乎冰川的五脏六腑都被翻出来了，因此，当大大小小的被绞碎的冰川冰堆落到冰瀑布脚下时，一切原生的冰层都已经不复存在，冰川冰在这里重新组合。所以可以说，海螺沟冰川，在冰瀑布脚下的这段冰舌，是一条再生冰川。

冰川压沉的大陆

体积大，大都呈桌子状的南极冰山，源于南极的冰川，而且数量十分惊人。用个定量的数字来说，地球上的冰川，大约有85%分布在南极大陆上。所以有人说，南极洲是块用冰雪包裹起来的大陆，也是一块被冰川压沉的大陆。

南极企鹅

这是一块神秘的大陆，人们知道它，不过是100多年的事。

南方大陆

公元前4世纪，古代希腊著名的学者亚里士多德，在他写的《天论》中明确指出：大地是一个球体，一部分是陆地，一部分是海洋，外面包裹着空气。他的信徒托勒密，进一步发展了亚里士多德的理论，绘制了一张最古老的世界地图。在这幅地图上，他把欧洲、亚洲和非洲画到了北半部，而在南半部，他画了一块未知的大陆。托勒密认为，只有南半部存在这样一块巨大的陆地，才能保持地球的平衡，否则地球北半部的大陆，会把地球倾翻的。他十分肯定地说，这块未知的南方大陆，在印度洋的南岸。

古代的人们，除了个别学者之外，对于世界上是否存在这样一块未知的南方大陆，有谁感兴趣呢？

想不到在500年前，哥伦布到达了美洲。数不清的黄金白银，源源不断地从富庶的美洲大陆，流水般注进了欧洲冒险家的金库里。这使得有些人口水直流，想去冒险。

这时候，有人想起了托勒密的南方大陆。这块未知的大陆，会不会像欧亚大陆一样？会不会像美洲那样富庶？有人用最美丽的梦，编织了这块大陆的美好景象：温暖的气候，肥沃的土地，丰富的矿藏，稠密的人口。有人甚至煞有介事地说，这块大陆上，人口有5000万。

教会也加入了宣传者的行列，鼓动人们去冒险。恰巧基督教圣经《旧约全书》中，记载说以色列的所罗门王拥有无穷无尽的财富，这些财富来自一个名叫俄斐的神秘地方。俄斐在哪里？它既不在欧洲，也不在亚洲，它既不在非洲，也不在美洲，那么，会不会这个神秘的俄斐，隐藏在未知的南方大陆上？

1567年，西班牙人曼达雅率领一支船队从南美秘鲁出发，进入太平洋，去寻找俄斐。他们到达了现在珊瑚海北侧的所罗门群岛，在岛上辗转半年，没有找到所罗门王的藏金之地，扫兴而归。但他不死心，于1595年再次带领300名西班牙水手，去寻找令人垂涎三尺的俄斐，结果送了命。继西班牙人之后的航海新秀荷兰人，也为寻找南方大陆四处漂洋过海。1605年，有一支荷兰探险队，航行到澳大利亚西北部海面上。由于海岸陡峭，无法登陆。但他们确信，他们看到的大陆，是南方大陆的一部分。于是他们把这块陆地，命名为未知的南方大陆（Terra Australis）。这就是现在的澳大利亚（Australia）。但后来的航海实践证明，澳大利亚还不是真正的“南方大陆”。

南方大陆到底在哪里呢？

18世纪，是欧洲列强瓜分世界殖民地的世纪。当时的英国、法国和西班牙，都在虎视眈眈地寻觅着南方大陆，谁都想第一个找到它，把它攫为己有。

1768年8月，英国航海家詹姆斯·库克船长，接到英国政府的一条秘密纸令，要他率领探险队，去探查南方大陆。密令中说："你们去调查那块土地上的土壤和物产，牲畜和家禽，到河里和海湾里去捕捉鱼群。你们可以找到各种矿产或是各种有价值的宝石。……另外，你们要调查出当地土著居民的人数和性情，并且同他们建立起感情，发展贸易。"

库克船长在以后的6年间，两度深入澳大利亚南部海域，完成了环绕南极一周的航行，几次深入南极圈里。但是，他的船队面前，经常出现无法逾越的浮冰，迫使他不得不掉转船头。当然他没有找到那块未知的南方大陆。

然而，他还是有功绩的。这功绩就是从根本上动摇了人们对南方大陆的传统观念，给那些企图占有南方大陆的殖民主义者泼了一盆冰冷冰冷的雪水。他在航行报告中写道：

"我在高纬度上仔细搜索了南半球的海岸，绝对证明南半球内，除非在南极附近，是没有任何大陆的。但南极是不可能到达的。"他认为，南极大陆即使存在，在经济上不会有什么价值，那里不过是一块寒冷的不毛之地。

这盆雪水泼灭了殖民主义者贪婪的欲火。在库克以后的半个世纪里，几乎没有船只再到遥远的南方去。直到1819年，俄国沙皇亚历山大一世，不知为什么心血来潮，派别林斯高晋率领一支俄国探险队，重新去寻找那块未知的南方大陆。1821年1月16日，别林斯高晋的船队在南纬66°22′、西经2°15′的海面上，看到了南方大陆陡峭的海岸，也看到了海岸上白雪皑皑的山峰。这样，俄国人说，是他们第一个发现了南方大陆，这就是现在的南极洲。

遗憾的是，美国人站出来对俄国人的说法表示异议。美国人有根有据地说，早在别林斯高晋之前，帕尔默已经看到了南极洲。帕尔默是一位美国捕猎海豹的行家，1820年11月中旬，他的捕海豹船"英雄"号，开到了南设得兰群岛附近的海面，发现南方海域里还有一块陆地，这块陆地就是今天的南极半岛——南极大陆伸出的一个触角。

让俄国人和美国人去争论吧。他们不过是站在自己的船上，抬头望见南极大陆的轮廓，可是谁也没有接近大陆，更谈不到爬到岸上，看看南极大陆到底是什么模样。

不声不响在南极海岸上登陆并且悄悄在大陆上度过第一个冬天的，倒是挪威科学家包尔赫克列文带领的南极考察队。1895 年，他一路顺风，平安到达了罗斯海，第一次在维多利亚地的阿德尔角上登上了南极大陆的海岸。这位不动声色的博物学家，艰难地在大陆上站稳脚跟。他没有去寻找所罗门王的金库，而是用榔头和小刀，采集了南极的第一批岩石和植物标本。1899 年，他再次在维多利亚地登陆，并准备过冬。他建造了过冬的小屋，成立了一支 10 人组成的过冬队伍。结果他满载而归，获得了南极冬季极为难得的珍贵气候资料。

继包尔赫克列文之后，英国斯科特船长在 1901 ~ 1904 年间，连续在维多利亚地度过了 2 个冬天。他还深入大陆内部考察，一直走到南纬 82°17′的地方。他测定了南磁极的位置，也确定了南极点应该在大陆上。尽管 7 年后他在与阿蒙森争夺南极王冠上的明珠的那场战斗中失利，归途中又遇到了暴风雪夺走了他的生命，但他在竞赛途中念念不忘科学考察的高尚精神，历尽千辛万苦始终没有抛掉 16 千克南极化石标本的感人形象，至今仍叫人铭记不忘。

挪威探险家阿蒙森的名字，也当之无愧地应该挂在南极大陆的纪念碑上。他在 1911 年与斯科特船长进行了一场惊心动魄的夺标竞赛。他是世界上第一个到达南极点的人，到达日期是 1911 年 12 月 14 日。他在科学上的贡献是，在南极点停留了 3 天，收集了那里的珍贵资料，他还发现了南极横断山脉最南端的毛德皇后山，带回了极有价值的岩石和植物标本。

20 世纪 20 年代以后，随着航空事业的发展，地球上的时间和距离一下子缩短了很多很多，神秘的南极大陆进入飞机考察的新时期。

值得一提的，要数美国海军上将伯德了。1929 年 11 月 29 日，他第一次完成了去南极点的空中考察并在飞机上拍摄了大量照片。空中考察当然也不是一件轻而易举的事情。伯德的飞机，穿越南极横断山脉时，受到上升气流的干扰，飞机像只断了线的风筝在气流里颠簸翻腾。伯德急中生智，割爱抛掉了汽油和食物，才免于遭难。1933 ~ 1935 年间，伯德再度飞抵南极，在玛丽伯德地进行航空测量，研究了当地的地质构造，并用声呐探测法测定了玛丽伯德地南侧的冰层厚度。1946 年，伯德又组织了一次空前规模的南极探险，探险队拥有包括破冰船、航空母舰、潜水艇和驱逐舰等 30

多艘船只组成的庞大船队，带有各种电台和雷达装备，美国政府还给他4000名包括各个兵种的军人。

1957～1958年国际地球物理年间，美国、英国、苏联、挪威、法国、比利时、日本、澳大利亚、新西兰、阿根廷和智利等17个国家联合起来，一起在南极进行科学考察。我国科学家的足迹，也在80年代初第一次印在南极大陆上，并于1985年2月20日，在南设得兰群岛中的乔治岛建成了“中国南极长城站”，成为在南极建立科学考察站的第17个国家。到目前为止，已有10多个国家，在南极建立了40多个科学考察站。成百上千的科学家，为了揭开这块南方大陆的奥秘，离开了祖国，离开了亲人，在黑昼白夜中浑汗工作。

从托勒密的未知南方大陆，到成百上千人进入南极，人类历史走过了20个世纪。但由于自然条件的限制，南极大陆仍然是地球上研究得最少的一个大陆，连它的地图，还有不少空白点。然而，主宰地球的人类，毕竟一步一个脚印，正在逐步撩开蒙在这块神秘陆地上的面纱。

雪海冰原

如果现在再有人对你说，南极大陆上有肥沃的土地，有稠密的人口，有所罗门王的藏金之地，你一定会撇之以嘴、嗤之以鼻了。

的确，初看起来，南极大陆上几乎什么也没有，只有无边无际的冰雪。它是雪的海洋，冰的高原。除了难得的只占总面积百分之几的裸露陆地外，南极大陆全身披挂着巨厚的冰雪的甲胄。几乎无处不是白色，白色的原野，白色的山峰，白色的洼地，白色的悬崖，甚至扑面吹来的暴风雪，也是白色的。

考察船

地球上只有这块被冰川覆盖的大陆，到目前为止，还不能精确地测量出它的面积。人们只用一个大概的数字来估计它，说它的面积大约有1400万平方千米。这个数字并不是它的真正面积，因为这个数字之内，包括了相当一部分漂浮在海洋上的冰架的面积，也包括了覆盖到海洋的冰川的面积。

千年积雪孕育了冰川，万年冰川掩盖了南极大陆的本来面貌。冰雪把南极大陆堆成了世界上最高的大陆，它的平均海拔高度达到1850米。要知道，多山的亚洲，平均高度才不过950米。欧洲呢，平均高度只有300米。所以人们习惯于把南极称作为南极高原。

这块冰雪装扮起来的高原，冰雪的平均厚度达到2000米，冰层最厚的地方达到4270米。它一共贮存了2000万立方千米的冰川冰，占地球上冰雪总量的85%以上，是一个名副其实的冰雪的大王国。

在这个冰雪王国中，居住着3家“居民”。第一家是南极冰盖，它虽然是个孑身一人的“孤老头”，但体态魁伟得任何人都无法看清楚它的庐山真面目。另一家是山地冰川，兄弟姐妹很多，它们与“孤老头”有亲缘关系，但都已独立成家。还有一家是海上冰架，山地冰川的堂兄弟们。

一、南极冰盖

这个“孤老头”在年轻时就得了巨人症，它的个子实在超出了人的想象力。撒哈拉大沙漠在陆地上是够显赫的了，但如果让它站在南极冰盖旁边，只能乖乖地垂下头。我们不妨给南极冰盖量一下身高体宽，它的面积有1130万平方千米，如果整个欧洲给它作一个大床，还容不下它的身子，怪不得它只能睡在露天了。不过现在它比较苗条了一些，在它发福的时候，冰层比现在还要厚800~900米呢。它的个子实在太大了，只能躺在南极大陆的中间。没有骨骼支撑它，只好像变形虫似的四处漫流。

冰盖，这个名字取得太确切了，既形象又生动。的确，它是一个冰的大盖子。当然，它不像水壶盖那么滚圆，也不像茶缸盖最高点在中心。南极冰盖的最高点，是一条偏离极心西侧，与太平洋海岸几乎平行的冰的分水岭。这条分水岭把冰盖分成东、西2个部分。

东部的冰流，宽度在2000千米以上，它像一把展开的巨扇，扇边指向大西洋和印度洋。扇柄附近，也就是南纬87°线以内，地形平坦浩荡，只有一些松散的粒雪覆盖表面。扇子的中间，是一系列由冰所组成的山脊和洼地，冰雪山脊之间的距离，在30千米以上，它们顺着盛行风向，像扇子的脊骨似的，向外延伸。扇子的边缘，由于冰下地形坡度很陡，冰流出现很大的坡度。

西部的冰流，无论从面积还是从宽度来说，都比东部的小得多了。它的宽度只有1000千米左右，形状很像黑旋风李逵使用的板斧。

东西冰流组成的南极冰盖，把大陆裹得严严实实，一时很难弄清楚这个不愿翻身动一动的“孤老头”身体下面掩盖着什么东西。人们只能从飞机上，看到它身上由冰雪组成的皱纹。你不要以为皱纹都是难看的，这个巨人身上的皱纹，却像凝固的大海波涛一样壮阔美丽。

二、山地冰川

山地冰川一家的成员很多，个头也参差不一。它们居住在山脉里。

南极横断山脉沿着罗斯海东侧海岸，逶迤向南，穿过南极大陆，直达大西洋岸边，全长3000多千米，是世界上屈指可数的雄伟山脉之一。山脉的许多高峰在3000~4000米以上，角峰峥嵘，山岩巍峨，披冰戴雪，壮观非凡。在大西洋沿岸的毛德皇后地，也有一列海拔3000~4000米的高山，山上冰川皎皎，像游龙般的冰舌，一直流到海岸，伸入海中。另外，犹如触角般的南极半岛，本身就是一列大山脉。南极大陆最高点的南森峰，海拔5140米，就坐落在这列山脉尾部的埃尔斯沃斯山上。

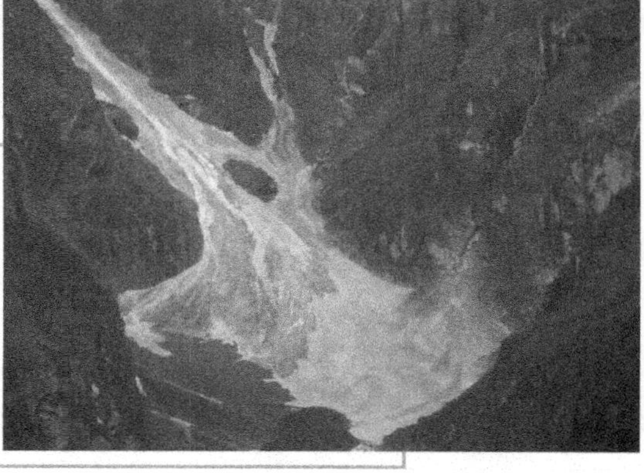

冰　舌

山地冰川与南极冰盖有很亲的亲缘关系。这位“老人”又大又厚的身躯，遇到大陆边缘山脉的阻挡，只好在山脉低凹部分的垭口间夺路而出，形成了不少山地冰川。在冰盖夺路而出的过程中，一部分冰流溢出了垭口，也有一部分冰流被高峻的山体阻挡，像海浪拍击高岸似的被翻卷起来，使今天的人们能够从这些翻卷的冰块中，找到地球上年龄很高的古老冰块。美国俄亥俄州立大学的学者，在南极找到过年龄达60万岁的冰块。

当然，山地冰川还有另外一种补给来源，这就是山脉附近比较丰富的降雪。说来也怪，南极中心的降水量还不及撒哈拉大沙漠，但在它的边缘，降雪却颇丰富。20世纪初，德国科学家特里加尔斯基在距离海岸48千米的高斯山上，遇到一次降雪，4天之内竟落下了1.2米厚的积雪。这些积雪逐渐变成冰川冰，与冰盖溢出的冰流汇合在一起，组成了一些著名的大冰川。

世界上任何地方的山地冰川，都比不上南极的大。长度在100千米以上的大冰川，几乎比比皆是。斯科特在1911年向极心进军中经过的彼尔德莫尔冰川，长达208千米，最宽的地方有32千米，几乎与长江口差不多宽。这条冰川巨龙从南极横断山脉2200米的高处，陡然降落了2100多米的高程，流入罗斯冰架。在它途经下伏地而高差大的地方，形成波澜壮阔的冰瀑布，犹如咆哮直泻的河流瀑布突然之间凝固了一样。这是南极冰川的一大奇观。彼尔德莫尔冰川附近的山地里，还发现了巨大的煤藏，煤层共有7层，厚达2米，绵延3200千米，是世界上少见的大煤田。在与澳大利亚遥遥相对的阿得利海岸附近，也有一条著名的大冰川，它就是宁尼萨冰川，也长208千米，宽度更宽，达到48千米，一直流到海里，形成漂浮冰舌。这条冰川漂浮在海里的部分，就长达100千米。南极洲最长的冰川要数是东南极的兰姆伯特冰川了，它足足长500千米。假如把它移到我国长江流域的庐山上，那么它的冰舌，几乎一直可以流到长江口。

南极横断山脉冰川

三、海上冰架

许多漂浮冰舌汇合在一起，形成山地冰川的堂兄弟。这堂兄弟一家，就是海上冰架。

海上冰架，顾名思义，冰架是在海上。这个名词说明它的形状像架子一样，同时也说明它的位置是在大陆棚的范围里。冰架也叫冰障，因为它的边缘，看起来很像是一座冰的长城，高高耸立在海面上，形成一座冰的屏障。

环绕整个南极大陆边缘的海洋，一共有16座冰架，每座面积都在1万平方千米以上，总面积达到100万平方千米。当然面积在1万平方千米以下的漂浮冰舌，就不算作冰架了。

冰架一家的老大哥，是罗斯冰架。

1841年，英国探险家罗斯，越过重重浮冰和冰山，深入到南纬78°10′的海域，前面出现了一堵高大的长蛇阵似的冰墙。冰墙整齐壁立，好像被一把神斧，齐飒飒劈了一斧。冰墙洁白高耸，好像一堵无边无际的冰的长城。罗斯很想上去探测一番，但墙高30～40米，突兀陡峭，无从攀登。他只好让自己的船只，沿着冰墙航行，试图找到一个低矮的可以登上墙顶的缺口。他的船沿着冰墙航行了600多千米，才走到尽头，然而仍旧无法攀登。罗斯感叹地说，这是他一生中看到的“我们星球上最壮丽的景象”。后人为了纪念罗斯的功绩，把他航行的那个海叫作罗斯海，把他发现的这堵巨大冰块叫作罗斯冰架。

罗斯冰架东西长800千米，南北宽700千米，面积有48万多平方千米，几乎接近西班牙的国土面积。这是一个冰的大平原，表面平坦如镜，几乎很难看到凸起。这块冰的平原，厚度有200～300米。前半部漂浮在罗斯海上，后半部直接跟海底接触。

冰　架

也许你想知道，世界上最大的这块冰的平原，是怎样形成的呢？

上面说过，像彼尔德莫尔这样的冰川，在南极横断山脉里有很多，它们流到罗斯海岸后，泻溜入海。罗斯海在这里恰好是一个深入内陆的有遮蔽的海湾，风浪比较平静，许多泻溜入海的冰舌，不容易断裂成冰山被海水带走，它们聚拢在一起，形成了这块冰的平原。在这个基础上，平原表面又接纳降雪，慢慢地变成了这个大冰架。

冰架一家中排行第二的，是南极大陆另一侧威德尔海中的菲尔希内尔冰架。这个冰架的面积略小于罗斯冰架，冰层也很厚。

至于其他 14 座冰架，像劳逊冰架、沙克尔顿冰架、西冰架等，虽然面积也不小，如果把它们搬到人口稠密的地方去，会作为头版头条新闻出现在报纸上。但南极毕竟是荒无人烟的地方，它们也只得默默无闻了。

冰架和其他漂浮在海面上的冰舌，是南极冰山的后台老板。每年大约有 22 万座大小冰山，从南极冰川上降生到海里。南极的冰山，大多数像一张张浮动的桌子，桌面平坦，桌壁陡立。它们离开南极大陆后，慢慢地向北方漂洋过海，最远能漫游到南纬 40°的洋面上，在那里融化消失。

奥秘无穷

南极大陆好似一座制冰厂。但这座制冰厂，要打开它的大门，谈何容易。人们寻找它，站在它的门前望一望，花去了 3 个多世纪。彻底打开它的大门，探进头去看一看它隐藏着什么秘密，就不是 3 个世纪时间做得到的了。我们现在只能撬开一线门缝，闭上一只眼，去看看冰箱里若隐若现的一些东西。

在撬开门缝之前，你也许会问，这座大制冰厂是什么时候建造出来的?

干干脆脆回答你吧，我们人类还没有诞生的时候，也就是说，地球上只有古猿的时候，这座制冰厂就由大自然逐渐在南极大陆上建造出来了。

——哈哈，你说漏了嘴，现在已有能够一代一代传递信息的知道过去、预测将来的魔棒，这根魔棒就是科学。

南极有那么厚的冰层，冰冻三尺，非一日之寒。冰冻万尺呢，那就更不是十年百年的寒冷所能制造的。你知道水吗？氧的同位素氧 – 18 这些同位素在水中的含量，是与当时的温度有密切关系的，温度高，含量就多，温度低，含量就少。南极一年之中有黑夜和白昼之分，夏天和冬天的温度还是有差别的，这就使得夏天的积雪变成的冰中，同位素含量多一些，冬天的当然少一些了。这样，一年一个层次，就像树木年轮似的。科学家可以根据冰层中同位素含量出现多少次起伏，判断出那里冰块的年龄。

在南极找到的最古老冰块，有60万岁高龄。恐怕还会有更古老的，但人们一时难于找到。当然古老冰块的年龄，仅仅表示了这座制冰厂至少已经有那么大的高龄，并不等于这座制冰厂的实际年龄。因为我们知道，冰川是有它自身的生命活动规律的，它一方面依靠天空的降雪不断地积累，另一方面又通过消融和冰崩等方式支出它的物质。因此它不断地吃进冰雪，通过冰川的缓慢运动，又不断地排泄出融水，达到它生命的平衡。我们假定降落在南极中心的雪，经过几万年后变质成冰川冰，冰再经过几万年后被更替到最底层，于是这些冰在它上部冰层的压力下开始慢慢流动。我们再假定这些冰川冰每年只流动几米的距离，它们要流动到距离极点2600千米外的海岸上泻溜入海，需要几十万年时间。尽管这样，它的年龄毕竟是有限的。而且仅仅是代表了冰川中某个个体的年龄，这个个体消失了，冰川照样存在，因此这个个体并不代表制冰厂的真实年龄。就像我们人类，即使有高寿的人活到200岁，他也代表不了人类诞生的漫长历史时期。

那么这样说来，这座制冰厂的年龄是无法知道的？

倒也不必悲观。既然我们有办法知道人类已经诞生了几百万年，当然也能有办法知道这座制冰厂的实际年龄。

火山喷发

恐怕你做梦也想不到，帮助人类弄清制冰厂年龄的，是南极的火山。啊呀，冰火不相容，怎么可能？世界上的事物，真是无奇不有，初看起来不可能的东西，仔细捉摸一下，也有可能的影子。南极大陆沿太平洋一带海岸，是太平洋火山圈的一部分，南极的火山，确实还不少哩。其中 1841 年罗斯发现的埃里伯斯火山，100 多年来，喷发就没有停止过，山顶终年烟熏火燎，红光冲天。有的火山喷发停歇后，变成了死火山。我们可以根据火山熔岩的年代鉴定，知道那座火山的年龄。说来凑巧，科学家在南极半岛的格兰汉姆地，看见那里的一些死火山的熔岩里，夹杂有一些冰川上才有的冰川砾石。也就是说，当火山喷发时，涌出的岩浆把冰川砾石裹挟在里面了。在罗斯岛的埃里伯斯火山山坡上，科学家又发现了过去的火山岩下埋藏着冰层。这些事实告诉我们，在那些火山熔岩出现之前，南极大陆上已经有冰川了。经过年代鉴定，那些火山熔岩的年龄，已经有 3000 多万岁了。那么，南极大陆这座大制冰厂，至少不会少于这个年龄。

现在再让我们站在门缝边，去探测它的一些奥秘。

只要瞧一眼南极不完善的地图，你就会发现，罗斯海和威德尔海，好像两只短壮的黄牛角，从两个相反的方向，深深地嵌入大陆内部。这给人造成一种联想，如果把南极冰盖掀起，这两个海会不会连接在一起呢？假使连接在一起，南极大陆不是铁板一块，而是两块了。

这个有趣的想法，遭到一些人的反对。反对者说，倘若罗斯海和威德尔海一线相通，在汹涌澎湃的海浪之上，怎么可能出现这样稳定的大冰盖呢？所以现在出版的地图上，南极是被画成一块完整的大陆。

1968 年，科学家在罗斯海和威德尔海之间的冰盖上，用钻机打了一个深孔，钻深 2164 米，才打到了冰下的岩石。岩石的水准面，已经远远低于海平面了。

后来，经过反复的测量，罗斯海和威德尔海之间，确实存在着一个比海平面还要低的海盆。假如把冰盖拿掉，那么，现在你眼前的南极大陆，将是一个由完整的东南极大陆与支离破碎的西南极岛屿组成的世界。当然陆地面积就不大了，也许还够不上欧洲那样大。

罗斯—威德尔海盆的东部，是一块完整的大陆，占现在南极洲的 2/3 左右。这是一块极其古老的大陆，地质构造与现在的澳大利亚和南部非洲十分相似。大陆西部是著名的南极横断山脉，它沿着太平洋海岸，把大陆环束起来。这条山脉可以看作是南美洲安第斯山的延续。大陆上也有很深的谷地，有的地方比海平面还要低。

罗斯—威德尔海盆的西部，是一群大大小小的岛屿，把它叫作西南极群岛也未尝不可。现在地图上的南极半岛，没有冰层的话，它实则上是一个长条形的大岛。这个岛屿与大陆之间，隔着一条深深的海沟。地图上玛丽伯德地的那一系列突起的山峰，实际上都是些孤立在海中的岛屿。

哪里有地壳，哪里就有矿藏。被冰雪包裹起来的南极洲，目前偶尔发现的矿藏就十分惊人。

西南极的石油资源，初步估算至少有450亿桶。罗斯海、威德尔海和别林斯高晋海里，至少也有150亿桶的石油埋藏在地下。查尔斯山附近200千米地段内，埋藏着100米厚的磁铁矿，含铁量达到35%，是目前地球上发现的最大铁矿。南极横断山脉的煤藏也非常丰富。在威尔克斯地还有大量锰矿。这些南极老人抖落出来的礼物，总有一天会被人们接受。

你也许会奇怪，既然南极大陆披着一层厚厚的冰甲，怎么还能发现埋藏在它身子里面的矿藏呢？办法是很多的，不然，世界各国为什么出现那么多地质学家呢？何况南极的冰甲不是铁板一块，在有些地方，尚有出露的陆地，好像沙漠里的绿洲。

南极站户外工作

1929年，伯德飞越南极横断山脉中部时，发现山中有未破冰川掩盖的山坡，山坡的岩石还绚丽多彩，闪烁着玫瑰色、红色和紫色的光芒，其中还有乌金墨玉般的煤层出露。

南极最著名的绿洲是班格尔绿洲，它是1947年由美国人班格尔在飞机上发现的，这块绿洲面积有500平方千米，地面有些地方有一层光泽如漆的砾石层，宛如戈壁滩上的砾石。还有一些小沙丘，沙丘间的洼地里是一些大小不等的湖泊，湖水发着耀眼的蓝色和红色的光。直升飞机曾在一个湖面上降落，有人甚至冒险在湖里洗澡，湖水出奇的温暖，浴后也没有不适的感觉。原来这些湖泊，水质不太咸。但是，在一些已经干涸的沙丘洼地里，却有一层白色的盐霜，说明这些干涸的地方，出露的年代已是相当久远，否则沉积不出盐霜来。看着这样荒凉的地面，与沙漠没有什么两样，人们还要说它是“绿洲”，确实有损于这个美好的名称。但是，到处是冰天雪地的南极能够出现这种无冰无雪的土地，是非常不容易的，人们对它感到十分亲切，把绿洲的美称送给它，这种心情是可以理解的。而且，在这片沙漠似的土地上，毕竟有湖泊，湖水涣涣，留给人一些美好的记忆；毕竟还有各种苔藓和小草，地衣也在岩石上安了家，甚至有时候，南极贼鸥也来光顾一下。

当然，南极的绿洲不止班格尔一处。其他地方的绿洲，面积要小一些。这些不可思议的绿洲的出现，目前还找不到令人满意的解释。有人说是火山活动的结果，有人说是煤层自燃的结果，有人说是绿洲附近地形特殊的结果。

不管怎说，绿洲的存在是客观事实。现在，有数十个科学站就建立在这些绿洲上。像澳大利亚著名的凯西站，就建造在凯西绿洲上。我国南极委员会，应澳大利亚南极局的邀请，派出过好几批科学家在凯西站上工作过。这些绿洲将帮助我们更快地揭开南极之谜。

谁主沉浮

科学家们在南极取得的资料，得出了南极是一块被冰川压沉了的大陆这个结论。这既不是文学的虚构，也不是科学幻想。

1957 年，美国在南极极点建立了一个科学站。为了纪念阿蒙森和斯科特，美国人把这个科学站取名叫阿蒙森—斯科特南极极点科学站。10 多年后，美国人发现，这个科学站的站址不声不响地向南美洲方向移动了 100 多米，平均每年移动将近 10 米。

极点的地壳不会移动，站址的建筑物也不会长脚走动，那么，只有是站址下面的冰层在移动了。

你见过揉面吗？面团揉好后，一般都要放在案板上醒一醒。不知你观察到没有，面团会慢慢在重力作用下，向四周塌下去，于是出现了移动的现象。这就是面团的塑性变形。

硬邦邦的冰呢，当然不像面团那样软，不容易变形，以致使人产生一种错觉，以为冰是不会变形的。其实不然，冰也会产生塑性变形的。你可以在冬天做一个实验，取一根直的冰条，把两头架在支架上，过几天后去观察，看冰条向下弯曲了没有。答案是弯曲的。冰条在重力作用下，发生了塑性变形。你还可以另做一个实验，取一大块冰，放在桌子上，在冰块周围画上轮廓线。过上 1 个月，你再去看看冰块，是否越出了原来的轮廓线。如果这个实验效果不明显，你可以在冰块上压一块石头，让冰块借助于外界的压力，它的塑性变形就显得更明显了。

南极大陆上有巨厚的冰层，冰层最厚的地方，达到 4270 米。这里最底层的那些冰块，每平方米面积上，承受到上部冰层 3840 吨的压力。在这样的压力下，冰块当然克服了地面岩石的摩擦力，向四周移动了。

很不巧，南极极点并不是南极冰盖的中心。南极冰盖的中心在南纬 81°，东经 78°附近，冰盖从这里向四面八方流动。南极极点位于南极冰盖中心的西侧，所以极点的冰层只能向南美洲方向移动。建立在上面的科学站，不以人的意志为转移，跟着移向南美洲方向。

南极冰盖的流动速度虽然不大，一年只有几米而已，但是它一旦失去平衡，带给人类的将会是一场不能等闲视之的灾难。

最近已经有种种迹象，南极冰盖的冰层正在退缩。科学家们发现，西南极的冰盖突然加快了流动速度，把大量冰体壅塞到罗斯冰架和菲尔希内尔冰架上，以致冰架的进冰量失去了往日的平衡，现在正在以每年 90 厘米的速度增厚着。同时，冰盖的中心正在慢慢变薄。科学家们又发现，罗斯冰架东部的大片地区，温度正在升高，冰架底部和表面的消融量日益增多。尽管如此，还是来不及消耗掉越来越多的从冰盖拥来的冰量。这种迹象说明，南极的冰盖，很有可能有崩解的危险。有人预计说，西南极冰盖的崩解，可能在今后 3 个世纪里逐渐发生。如果这种预计成立的话，融化的冰水很有可能使海面逐渐上升。

南极冰川面积大约是世界海洋面积的 1/28。只要平均融化掉 31 米的冰层，就能使世界洋面上升 1 米。假如南极冰川正是朝着人们预测的方向发展，将来，海水很有可能会从纽约或者上海的下水道中，涌到车水马龙的街道上。

但是我们不必惊慌，自然界自有巧妙的安排。即使南极冰川全部融化，世界洋面也不见得会上涨 60 多米。因为南极冰川下的地面，有不少地方大大低于海平面，它们像一个大盆子，还是可以接纳许多冰川融水的。

地球物理测量的结果表明，南极洲的陆地，低于海平面的面积，超过世界上任何一块大陆。在南极霍立肯扬高原上，有的地方冰层下的地壳，竟低于海面 2470 米。说它是高原，实在是名不副实。说它是世界上最低的洼地，才差不多名副其实。

1949～1952 年间，挪威、英国和瑞士三国组成的联合考察队，在南极大陆大西洋海岸，进行了一次从海岸到内陆中心 620 千米范围内的冰川厚度测量。结果发现，在这段剖面上，冰层几次下陷到海平面以下，最深的地方，下陷海面达 1000 米。

1956 年，美国考察队在太平洋海岸，向内陆作了 830 千米的地震测量剖面，结果叫人大吃一惊，在整个剖面上，冰层都下陷到海平面以下，最深处达到 1500 米。

1957～1958 年国际地球物理年间，苏联科学家从贝尔特科学站，沿着子午线 130°向南，进行了一次路程为 750 千米的测量。结果表明，冰层下许多槽谷，都沉降到海平面以下，最深处低于海平面 2000 米。

为什么南极洲有这么多的低于海平面的洼地？原来它们是被南极冰川压沉的。以致有人说，南极洲是块被冰川压沉了的大陆。

看起来是很硬的地壳，在一定条件下，会像橘子皮那样脆弱柔软的，只要有相当的压力施加在地壳上，地壳就会下沉。

美国西部科罗拉多河上，曾经修过一座水库。水库蓄水后，6 年里库区的地壳沉降了 13 厘米。一个小小的水库，竟然会压沉地壳 13 厘米，那么南极冰川那样巨大的固体水库，对地壳的影响就可想而知了。

且不说冰层最厚的地方那里的地面每平方米承受到 3840 吨的压力，就是平均冰厚 2000 米的地方，那里的地面每平方米也要受到 1800 吨的压力。在如此强大的压力下，南极大陆再坚如磐石的地壳，也会自然慢慢陷进地幔中。

我们的地球，是由地壳、地幔和地核三部分组成的。这三部分，好似一只缺钙的软壳鸡蛋。地壳相当于鸡蛋壳，地幔相当于鸡蛋清，地核相当于鸡蛋黄。只要有压力压迫蛋壳，蛋壳就会微微陷进蛋清里。

地球的地壳有多厚呢？平均厚度不过30千米，最厚的地方也只有80千米，与整个地球的半径比起来，它实在是薄得可怜。

地壳里面的地幔，厚度约有2900千米，它当然要比鸡蛋清黏稠得多。但它一直处在高温高压状态，所以具有稠粥般的可塑性。

当有压力压迫地壳时，地壳就像软壳蛋的蛋壳那样，陷进地幔中。这就是冰川迫使地壳下沉的秘密所在。

冰川不仅压沉了南极的地壳，前面说过的格陵兰好像一只漂浮在海上的盆子，也是冰川压沉地壳的证据。当然，冰川的体积越大，它压沉地壳的数值也就越大。南极大陆上集中了地球85%的冰雪，这些冰雪把地壳压沉到海平面以下1~2千米的深处，也就容易理解了。

也许你会说，南极有那么多洼地低于海平面，不一定是冰川压沉的，说不准它们本来就是洼地嘛，如同我国现在的吐鲁番盆地一样。

好，让我们举出两个例子，来打消你的怀疑。

一个例子是，世界各大陆的大陆棚，海水深度都比较浅，只是在200米上下。唯独南极大陆的大陆棚，海水深度有400~600米，比哪个大陆棚都要深得多。这显然是南极大陆被冰川压沉时，附带着把大陆棚也压深了。

另一个例子是，罗斯—威德尔海盆现在在海平面以下，想当年，南极没有冰川的时候，它一定是高出海平面的。不然，海盆里如果在冰川之前就海水汹涌的话，就不可能形成目前冰川沉底的稳定的冰盖，冰流无法赶走所有的海水，也无法越过海盆到西南极去登陆。只是当时海盆的海拔不高，当冰川在它身上覆盖之后，它才逐渐被冰川压沉到海平面下，变成了今天的海盆地形。

地球历史上，被冰川压沉的大陆不仅是南极洲和格陵兰，还有北欧和北美，都曾经被巨大的冰流压沉过地壳。当冰川消失之后，那里的地壳现在正在逐渐抬升，好像软壳鸡蛋上的压力解除后，蛋壳会回复到原来的位置一样。

有人推算后说，假使南极冰川一旦消失殆尽后，南极洲将会平均上升800多米。

这种推算绝不是信口雌黄。

北欧的斯堪的纳维亚半岛，曾经在几万年前是北欧冰盖的藏身之地，那里的地壳受到冰川的压迫而下沉。自从1万多年前北欧冰盖消失，那里的地壳就一直在缓慢地上升。波的尼亚湾附近是当时冰盖的中心，地壳压沉数值最大，因此现在它抬升的速度最快，大约每百年抬升90厘米。芬兰南部当时处在冰盖中间部位，现在每百年抬升60厘米。瑞典最南端因为是冰盖的边缘，沉降数值较小，现在每百年只抬升10厘米。

地壳抬升最明显的标志，是古海岸线的上升。波的尼亚湾的古海岸线，现在已高出海面450米。它还将继续抬升200米，地壳才能恢复到冰盖出现前的位置。到那时，波的尼亚湾将不复存在，瑞典和芬兰将会连成一片陆地，丹麦也将会和斯堪的纳维亚半岛连结在一起，把波罗的海围成一个小小的咸水湖泊。

北美洲的加拿大和美国北部，在冰期里曾是北美大冰盖居住的地方，那里的地壳在冰盖消失后也在抬升。加拿大东北部的哈得孙湾，是当时冰盖的中心，现在那里地壳的抬升值最大，许多古海岸线已经高出海面420米以上。有朝一日，当冰川引起的地壳升降运动完全恢复原位时，哈得孙湾将会从地图上消失。

既然北欧冰盖和北美冰盖消失后，被它们压沉的大陆在逐渐抬升，为什么南极冰川消失后，就不会抬升呢？一旦南极大陆抬升到它没有冰川时的原来位置，呈现在我们面前的南极洲，真不知是一块什么形状的大陆呢。

当然，这块不知形状的大陆，在3000万年前，南极没有冰川的时候，曾经在地球上露出过它的庐山真面目。现在，让我们根据掩埋在地底下的化石，去看看曾经在南极大陆上演出过的一幕幕故事。

古陆之谜

澳大利亚的有袋动物，像中国的大熊猫一样，举世瞩目。现在地球上残存下来的有袋动物，在北美洲只有一种很不显眼的负鼠，其他的有袋动物，都生活在澳大利亚。

这些在腹部长有体外小袋养育后代的有袋动物，曾经统治过哺乳动物世界长达4000万年之久。北美洲、南美洲和澳大利亚，都发现过大量有袋动物的化石。最古老的有袋动物化石是在北美洲发现的，因此有人认为北美洲是有袋动物的发源地。过去有一种观点，认为澳大利亚的有袋动物，是从北美洲经过阿拉斯加和白令海峡，再经过亚洲大陆南下，到达澳大利亚的。可惜阿拉斯加和亚洲，都没有发现过有袋动物的化石，无法证实这种假设的可靠性。

最近，美国俄亥俄州立大学极地研究所的辛斯梅斯特教授说，他带领一支考察队，在南极的西摩岛上发现了一个类似于啮齿动物的小型有袋动物的化石，至少支持了有袋动物是从南美洲通过南极大陆到达澳大利亚这样一种观点。

澳大利亚袋鼠

辛斯梅斯特的考察队刚登上西摩岛时，他根据岛上岩石的年龄和保存状况，相信在岛上有可能发现这种“迄今尚未找到的有袋动物化石”。但是他们工作多年，一无收获。就在他们准备结束这次考察的前2天，一个极其偶然的机会，他的同事伍德伯恩在休息时，随便拾起一块岩石揣玩，这块岩石上却嵌着一个动物的颌骨化石。伍德伯恩是加利福尼亚大学的古脊椎动物专家，他一眼就认出了这是一块小型有袋动物的颌骨化石。这种动物长30厘米左右，生长在海边，靠采食浆果为生。它们在南极生活的年代，大致在4000万~4500万年前。这是南极首次发现的陆地哺乳动物的化石。他们推测，这种小型有袋动物的祖先，是从南美洲迁徙过来的。

南美洲和南极洲，中间隔着德雷克海峡，隔海相望有1000余千米。那么，有袋动物怎样飞越海峡的呢？只有一种假设，那就是，7000万年前，南极洲和南美洲尚有陆桥连接在一起。

岂但7000万年前南极和南美有陆桥连接起来，2亿年前，南美洲、南极洲、澳大利亚、非洲和印度次大陆，本来就是一块完整的古大陆，称为冈瓦纳古陆。只是后来，由于陆地沉降，板块漂移，才逐渐变成目前地图上的形态。

1912 年，德国气象学家魏格纳提出“大陆漂移说”的时候，不少权威人士说这位年轻人头脑发昏，胡说八道。但是大陆漂移说沉默了一段时间后，终于在大量科学证据上站立起来了。提供科学证据的重要地方，是在南极大陆上。

还记得斯科特吗？这位到达南极极点的世界亚军，在 1912 年 2 月的归途中，来到了南极横断山脉中部的彼尔德莫尔冰川上，他在裸露岩坡上看见了黑亮的煤层，并且找到了一些保存良好的植物化石。这是一些印在岩石上的植物叶片印痕化石，经过鉴定，它是一种古老的羊齿植物，大约生活在 2.5 亿年前。因为它的叶子宽大，形状很像舌头，科学家又把它叫作舌羊齿。

在今天的植物世界里，羊齿植物是一种比较低级的植物，它不开花，也不结果，靠成熟后的孢子繁殖后代。但在 2 亿多年前，它们却是植物世界中的天之骄子，曾经长成高大的林木，组成了一片片茂盛的森林，覆盖在大地上。后来，地壳变动，它们被埋在地下，变成了今天的煤藏。南极横断山脉里，几乎到处能看见由它们变成的煤层，而且储量相当可观。想当年，它们在南极大陆上，一定是数量不少的。

羊齿植物化石

无独有偶，在澳大利亚、在南美洲、在非洲、在印度，都有舌羊齿化石的发现。这些舌羊齿森林留下的煤层，也在这些大陆上陆续找到。这从一个侧面，说明了当时这些大陆是连接在一起的，而且气候非常温暖湿润，到处生长着成片成片的舌羊齿森林。但是，大陆漂移说的反对者说，舌羊齿是靠孢子繁殖的，孢子又小又轻，大风可以把孢子从澳大利亚带到南极，海流同样也可以把孢子从南极送到非洲。

看起来，要证明一个科学真理，还真不容易哩。

但不必灰心，证据总是能找到的。

1967 年，美国一支地质队在南极横断山脉的彼尔德莫尔冰川附近的山崖上，发现砂岩地层中有一些古老动物的化石。这些化石很零碎，但经过纽约自然博物馆的鉴定，还是可以确认它是一种 3 亿年前生活在南极大陆上的迷齿类动物的下颚骨。

在这之前，在离南极 3000 千米的非洲大陆上，也曾发现过大量迷齿类动物化石。生物科学告诉我们，同一类生物只有同一个起源地，它们由一个起源地逐渐向其他地方扩展。那么，南极的迷齿类动物，难道它们有高超的本领。漂洋过海 3000 千米，到非洲大陆上定居吗？这显然是不可能的。迷齿类动物，只是一种适宜在淡水中生活的动物，在盐度很高的海水中，它们无法生存。它们的体形也不适于远距离游泳。所以让它们从南极渡海千里到非洲登陆，比做梦还可笑。

然而，用大陆漂移说来解释，南极和非洲在 3 亿年前是同一块大陆，问题就迎刃而解了。

当然，孤证总有些不踏实，让我们继续寻找证据吧。

1969 年和 1970 年的夏天，又有一支古生物考察队到达了彼尔德莫尔冰川附近。到底是古生物方面的行家，他们比斯科特和美国地质队经验丰富得多，野外工作的第一天，就在古代河流的砾石层中，找到了大量动物化石。虽然这些动物化石很不完整，但数量之多，叫人惊叹不已。他们发现的是同一种动物的化石，这种动物长相十分古怪，外形像河马，但个子很小，不及一只绵羊。它叫水龙兽。水龙兽生活的年代大约距今 2 亿多年。水龙兽从地球上消失后，接替它们的就是称霸地球 1 亿多年的恐龙。

叫人高兴的是，水龙兽化石在印度和非洲都有发现。这绝不是巧合，比绵羊还小的水龙兽，不可能畅游印度洋到印度次大陆上登陆。唯一的答案还是 2 亿多年前，这些陆地曾经连接在一起。

1978 年，美国和澳大利亚的科学家，在南极横断山脉和卡马勒斯丘陵，又找到了距今 2. 2 亿多年前的三叠纪地层里的 116 块脊椎动物化石标本。经过鉴定，这些化石标本属于 4 群比较低等的两栖类动物和爬行类动物，它们分别属于兽孔目、迷齿目、杯龙目和始鳄目。值得一提的是，同样物种的化石也出现在南美洲、澳大利亚、非洲和印度。

如果这些生物界的证据还不够的话，南极的古代冰川也跳出来作证了。

1960 年，一支地质队在南极横断山脉中段工作，他们在一处悬崖上，发现了一层 200 多米厚的冰碛。这层冰碛的上面，覆盖有砂岩和页岩，岩层中含有舌羊齿植物化石。冰碛的下面，是更古老的地层。根据年代鉴定，这些冰碛的年龄，有 2.8 亿多岁。这样古老的冰川遗迹，在南极横断山脉里几乎到处都有，有的地方的冰碛竟厚达 1100 米。可以想象，形成这些冰碛时的冰川规模，一定是非常巨大，而且时间也是很漫长的。

且慢，请你解释一下什么叫冰碛。

一切被冰川裹挟，并且随同冰川一起运动的其他物质，大自巨石，小到尘土，统统称为冰碛。冰碛有 2 种：①正在参与冰川运动的冰碛，像现代冰川上的各种冰碛，它们叫运动冰碛。②已经停止运动的冰碛，它们沉积在冰川附近，叫作沉积冰碛。南极岩层中镶嵌的冰碛，就属于沉积冰碛。这些冰碛是怎样沉积下来的呢？原来，冰川流动的时候，很像一台推土机，把它底部和两侧的岩石碎屑，铲掘出来，裹挟在冰块中，一起流动。还有一部分是从两侧的高山上滚落到冰川上的岩石，这些物质随着冰川一起流动，最后在冰川两侧和冰川末端沉积下来。天长日久，经过成千上百万年的堆积，它们形成很厚的一层沉积。南极发现的几百米厚的冰碛，就是在漫长的地质年代里堆积的结果。

冰碛与其他岩层不同，很容易区分：①冰碛杂乱无章，没有明显层次。②冰碛中的岩石表面，有许多冰川擦痕。根据冰川擦痕，可以知道当时冰川流动的力向。

分布在南极岩层中的这些冰碛，似乎不值得为它大惊小怪。本来嘛，现在是冰雪世界的南极大陆，已经有 3000 万年的冰川历史，如果在 2.8 亿年前，也出现一次目前规模的冰川作用，有什么值得大惊小怪呢？

但谁能料到，这些沉默寡言埋藏在南极地层里的冰碛，却是大陆漂移说在法庭上最可靠的“证人”。

人们一直奇怪，2.8 亿年前，在印度次大陆上，有 1/3 的土地被冰川覆盖。南部非洲也有很多地方在冰川的控制之下。澳大利亚的冰川就更多了，面积达到 500 万平方千米。至于南美洲，冰川更是猖獗，巴西圣保罗附近发现的冰碛，厚度超过1000米。这些在同一个年代里发生冰川作用的大陆，彼此又相隔得十分遥远，有的在北半球，有的在热带，有的在极地。按照今日冰川分布的规律，这些大陆上是很难出现这样大规模的冰川作用的。那么它们在2.8亿年前，又怎么一齐出现了巨大的冰流呢？

南极的冰碛作证说，那时候，它们共同居住在冈瓦纳古陆上。当时在这块古陆上，出现过一个巨大的冈瓦纳大冰盖，比现在的南极冰盖要大得多，几乎占据了古陆的大部分地方。现在印度、非洲、澳大利亚和南美洲的许多土地，都是冈瓦纳冰盖的藏身之地。

南极冰碛的证词，同时也解开了另外一个谜团。

在南极的古老冰碛发现之前，地质学家在澳大利亚和南部非洲发现了这个时代的冰碛。对冰碛上的冰川擦痕进行仔细研究后，学者们感到迷惑不解，这两块陆地上的冰川，怎么都是从南部海洋里流到陆地上的呢？

冈瓦纳古陆和冈瓦纳冰盖之说，圆满地揭开了这个谜。当时冈瓦纳冰盖的中心，在南极大陆上，冰川从南极大陆向北流向澳大利亚和非洲。

现在已经有更多的证据，证实地球历史上确实存在冈瓦纳古陆。2.8亿年前的冈瓦纳冰盖消失之后，古陆上呈现出一片欣欣向荣的景象，到处是郁郁葱葱的舌羊齿森林。后来出现了水龙兽，再后来出现了恐龙。直到7000万年前，南极大陆上还被茂密的森林所覆盖，有袋动物跳跃在草原上。冈瓦纳古陆分崩离析后，南极大陆悄悄地移到了今天的位置。4000万年前，地球上的气候发生了变化，向寒冷的趋势发展，南极的环境也跟着发生变化，逐渐披冰戴雪，发育出冰川来。但在初期，大陆边缘的森林依然存在，许多水生生物依然存在。后来，森林消失了，但一些动物，像鲸和企鹅，不屈不挠地与寒冷冰雪作斗争，一直生存到现在。有趣的是，冰川出现之前的南极大企鹅，是非常雄伟高大的，它们留下的化石告诉我们，它们的体高达到1.8米以上，并不比我们人类矮啊。

冰川上的故事

丝绸之路上的冰道

丝绸之路上有一段著名的冰道，名字叫木扎特冰川谷道，它通过著名的木扎特冰川。

木扎特冰川，面积达131平方千米，是我国屈指可数的大冰川之一。它坐落在我国天山山脉西段哈雷克套山的最西端。2000多年来，它的名声，独占鳌头，闻名中外，像古老的丝绸之路一样，使人久久不能忘怀。

人们对冰川是那么陌生，为什么木扎特冰川却成了天之骄子，名扬四方？

原来，东西绵延数千千米的天山，好像一座高不可攀的屏风，隔断了新疆南北的往来。天山山脉，到处是海拔5000米以上的高山，峻峭挺拔，群峰插天。只有南北木扎特河的分水岭处，地势稍微低凹。因此，很早以前，居住在天山南北的各族人民，不畏艰难险阻，沿着木扎特河谷，通过木扎特冰川，开辟了一条交通线路，它就是木扎特冰川谷道。

丝绸之路有南、中、北三条道路。南道经塔克拉玛干沙漠南缘到印度洋沿岸，中国经塔克拉玛干沙漠北缘到波斯湾沿岸，北道沿天山北麓经中亚到东罗马帝国。在中道和北道之间，有天山阻隔，很难维系。木扎特冰川谷道，恰如银河上的鹊桥，连接了北、中两道，所以它就成为古丝道上唯一的一条捷径。木扎特冰川也就跟着这条道路扬名四海了。

木扎特冰川谷道，从新疆南部温宿县的克兹布拉克开始，到新疆北部昭苏县的夏塔为止，全部路程长 120 千米。谷道里几乎杳无人烟，满目疮痍，经常云雾缭绕，万山堆雪，素以艰险难逾著称于世。其中最惊险的一段道路，是穿越木扎特冰川到木孜大阪的一段，这段路程全在冰川上通过，整整有 12 千米。维吾尔语“木孜”是冰的意思，“大阪”是山口的意思，木孜大阪即是冰的山口。这个冰雪组成的山口，它的北侧，连接着木扎特冰川。由于冰川上冰面崎岖不平，冰裂缝纵横交错，冰面湖泊和冰面河流脉络般相间其上，还时时有冰崩雪崩发生，人马行走必须格外小心，才能免遭不测之祸。而且冰川上还有一条高达 60 米的冰瀑布，高耸壁立，过往行人只能依靠人工修凿的冰台阶，单人一步一步攀登。稍稍大意，就会滑坠，被摔得粉身碎骨。冰崖下堆积着的人兽尸骨，便是它危险的见证。

要奋斗必定有牺牲。尽管这条冰川谷道无情地吞噬过不少人的生命。但它毕竟是古代新疆西部唯一的一条直接接通天山南北的交通要道，因此，商人、旅客、军队，甚至西域各国派往中国和中国派驻中亚各国的使节，都曾经络绎不绝地通过木扎特冰川。

这条奇险无比的冰上大道，究竟从何时打通，新疆地方志上已无从查考了。我们只能从零星的故纸堆里，寻觅出它的一些蛛丝马迹来。

根据《汉书》记载，公元前 119 年，汉武帝第二次派张骞出使西域。张骞带领随从人员 300 多人和近万头牛羊，经过木扎特冰川谷道，才到达位于伊犁河畔的乌孙国。当时乌孙有 12 万户，63 万人，盛产良马。乌孙马中，颜色深红的，取名叫红栗，俗名赤兔马。三国时关云长骑的那匹马，就是这种乌孙马。

公元前 105 年，乌孙王猎骄靡，派遣特使到长安，赠送汉武帝乌孙良马 1000 匹，作为聘礼，要求和亲结盟。汉武帝答应了，把江都王刘建的女儿细君公主嫁给了乌孙王。细君公主的车仗，也是经过木扎特冰川谷道，才到达乌孙与猎骄靡完婚的。细君公主是我国历史上第一位和蕃的公主。她为各民族的团结友好，作出过很大的贡献。

至于率领千军万马通过木扎特冰川的，在汉代也不乏其人。最著名的当推汉朝驻西域副都护陈汤了。当时匈奴有个名叫郅支单于的首领，杀了汉朝的使臣迁徙到康居（约在今巴尔喀什湖和咸海之间），频繁侵犯乌孙。公元前 36 年，汉元帝命令陈汤率领西域各国军队 4 万余人去抗击匈奴。《汉书》里记载陈汤的军队“别分六校，其三校从南道，逾葱岭，经大宛；其三校都护自将，发温宿国（今阿克苏），从北道入赤谷（指木扎特河谷里那些红色岩系的山谷），过乌孙。”陈汤亲自率领三校人马，通过木扎特冰川，以当时的条件而论，确实是十分了不起的壮举了。

从上面这些史料来看，至少可以说，从汉朝开始，木扎特冰川谷道就已经是我国西部边疆的重要交通干线了。

木扎特冰川上旅途的险阻，我国古代文献里有许多生动的描写。

你看过神话小说《西游记》吧。这是讲唐僧带着三个徒弟到西天取经的故事。在我国历史上，唐僧真有其人，名叫玄奘，是唐代著名的佛学家。629 年秋天，玄奘离开长安到印度去求经。他穿过河西走廊，经高昌（今吐鲁番地区）到屈支（今南疆库车）。屈支王热情款待玄奘，临行时还给他配备了向导和驮马。玄奘继续西行到跋禄迦国（今阿克苏），再由这里北上，经过木扎特冰川谷道，辗转中亚，然后到达印度。由玄奘的徒弟辩机辑录的《大唐西域记》里，对木扎特冰川谷道作过生动的描述。书中说道，山谷里到处是积雪，就是春天和夏天，还是封冻着。虽然白天冰川上偶尔出现消融，但融水不久又重新冻结了。沿途经过的地方，峻险崎岖，还常常刮着惨烈的寒风。有时冰川上发生雪崩冰崩，好像凶暴的龙发怒了，谁也不敢惹。行人经过这里，不能大声叫唤，不然会立即灾祸临头。那时狂风怒吼，飞沙走石，把人刮倒，很难活着离开。

玄奘的另一位徒弟慧立，后来写了《大慈恩寺三藏法师传》一书，对玄奘一行通过木扎特冰川作了更加鲜明的描述。书中写道，木扎特冰川上，道路十分崎岖不平，攀登跋涉都非常困难，加上经常刮风下雪，虽然穿了很厚的衣服，还是冷得发抖。想要找一个吃饭睡觉的地方，找来找去找不到，甚至于可以停留下来的干燥地方也没有，只能把锅架空起来煮饭，把冰川的冰面当作床铺睡觉。走了整整 7 天，大家方才得以离开冰川出山。玄奘的徒弟及随行人员中，饿死和冻死在冰川上的，10 个里面有三四个，牲畜牛马死掉的数量更多。

在唐朝，中国的统治力量曾达到中亚。著名的西域四镇之一的碎叶城，就设置在今日楚河上游、伊塞克湖西北的托克马克城。从南疆到中亚去的商旅，尽管知道木扎特冰川谷道险阻难逾，但走这条冰道，可以受到唐朝政治力量的保护，所以人们几乎都选择了这条道路。在碎叶出生的我国大诗人李白，幼年随父到四川江油定居，也曾走过木扎特冰川谷道。虽然他没有留下任何关于木扎特冰川的记述，但天山和木扎特冰川的风光，还是长期停留在他的记忆里，因此后来才写出了“明月出天山，苍茫云海间”和“五月天山雪，无花只有寒”等脍炙人口的诗句。

继李白之后，另一位旅行家杜环，在天宝年间，随唐代名将高仙芝西征，写了《经行记》一书。他在书中记述木扎特冰川谷道时说：“北行数日，度雪海，其海在山中，春夏常雨雪，故称雪海。中有细道，道旁往往有冰，嵌孔万仞，转堕者莫知所在。”

到了清朝，中国在伊犁设立伊犁将军府，伊犁就成为新疆和中亚地区军事、政治的中心，木扎特冰川谷道的重要性更为突出了。清政府为此在谷道沿途设置军台 7 处，它们的名字分别叫沙图阿满台、阿东榴尔台、噶克察哈尔台、塔木哈塔什、瑚斯图托海台、图巴喇特台和和约伙罗台。其中的塔木哈塔什，就设在木扎特冰川末端附近。

为了维护这条冰川谷道的畅通，清政府还专门派出民工杂役维修道路。1760 年，大臣舒赫德奏启清廷：“由木素尔岭（即木扎特河分水岭）行者四十余里，冰石相杂，内有两里，全系冰山，滑不可行。每日派回人十名，錾凿磴道。”乾隆皇帝亲自批示：“木素尔岭系往来要路，冰艰难凿，十人之力恐不敷用，舒赫德多派回人前往，专责以修治道途。”后来，舒赫德把维修道路人员增加到 120 人。1816 年，还有护道人员 70 人。

清代记述木扎特冰川谷道的文献很多，其中比较有价值的，有椿园的《回疆风土记》、徐松的《西域水道记》、秋坪的《冰岭记程》、沙克都林扎布的《南疆勘界日记图志》。这些著作的作者，亲身经过木扎特冰川，对于冰川旅途的艰险和壮观，都有比较详细的描写。可是，你是否想到，在艰险无比的冰川上，离现在 1000 多年前，居然还发生过一场著名的葱岭之战。

冰山剑影

1796 年，拿破仑准备入侵意大利，唯一的出奇制胜之策，是法国军队出人不意，翻越阿尔卑斯山，飞将军由天而降，迅速占领意大利平原。但翻越阿尔卑斯山，谈何容易。阿尔卑斯山，有千年不化的积雪，有万条崎岖的冰川，群峭摩空，峥嵘崔嵬，沟壑深绝，嵯峨嶙峋。主峰勃朗峰，海拔4800多米。拿破仑派探子上山去侦察道路。探子回来战战兢兢地说："也许可以通过，但是……"拿破仑立即阻止探子说下去："只要可能，便没有但是。马上向意大利进发！"他亲自率领军队4万，排成20千米的长蛇队形，浩浩荡荡，从西北向东南横越白雪皑皑的阿尔卑斯山，侵入意大利。

欧洲的历史学家，把拿破仑这次翻越阿尔卑斯山侵略意大利的故事，说成是人类历史上的奇迹。

可惜中国人没有夸耀的天才，不然的话。拿破仑也会脸红的。让我们从线装的古史堆里，随便翻开一页，看看我们炎黄子孙，曾经创造过什么业绩。

帕米尔，在古老的波斯语里，是平屋顶的意思。天山、昆仑山、喀喇昆仑山、喜马拉雅山和兴都库什山，以这里为中心，向四处辐射分布开去。它是亚洲的万山之宗，世界之脊。这里"万山堆积雪，积雪压万山"，堆银叠玉，冰川萦迴，历来就披上一层神秘而充满传奇色彩的面纱。我国古代把帕米尔高原称作春山。据古籍《西河旧事》解释，因"其山高大，上多大葱"，又把它叫作葱岭。很早以前，我国人民就熟悉葱岭了。记载公元前9世纪周穆王事迹的《穆天子传》里说，周穆王曾经乘坐由8匹骏马拉着的轿车西巡到葱岭，在这里住了5天。丝绸之路的南道和中道，都要通过葱岭；它是丝路上最难通行的一段道路了。唐朝开元年间到印度求经的和尚慧超，回国时走到葱岭西边的护密，想起路过葱岭所经历的种种险境，不禁为翻越葱岭而发愁得泪流千行。这有他自己写下的"平生不扪泪，今日洒千行"诗句为证。中国二十四史里的《旧唐书》中记载了公元8世纪时，也就是这位出家人满脸愁容翻越葱岭后不久，发生在这里的一场战争。

唐朝开国初年，中国重新统一，包括新疆和中亚一部分的广大西域地区，又回到了祖国的怀抱。多民族的中华古国，各民族和睦相处，文成公主远嫁西藏松赞干布，成为千古美谈。后来，由于统治阶级内部的相互争夺，甥舅关系的吐蕃和唐朝，发生了纠纷。当时的正面战场，是在青海和四川西部。但吐蕃军队为了牵制唐朝的正面兵力，准备袭取西域四镇。这西域四镇是于阗、龟兹、疏勒和碎叶，也就是现在新疆的和田南、库车东、喀什和阿拉木图附近的托克马克城。吐蕃军队不从藏北高原直接进入新疆，而是采取一个大迂回的行动，向西越过印度河河源，然后沿着罕萨河谷北上，控制了葱岭的一部分。当时葱岭有一个名叫小勃律国（今克什米尔北部）的西域古国，本来是臣属于唐朝的，国王没谨忙当政时，他不让吐蕃假道小勃律国袭取西域四镇。后来没谨忙驾崩，新国王苏失利即位，吐蕃把公主嫁给他为妻，小勃律国就称臣于吐蕃了。附近一些小国也纷纷依附吐蕃，丝绸之路于是在此不通，唐朝与安息一带的交通为之断绝。

唐玄宗天宝六年（公元747年），派高丽族人高仙芝带领军队1万人征讨吐蕃。高仙芝从新疆库车出发，经阿克苏、喀什，行军百天，到达塔什库尔干。塔什库尔干，塔吉克语是石头城的意思，唐朝曾在这里设立葱岭守捉，隶属于安西都护府管辖。丝绸之路通过塔什库尔干后，不久就分成2道，一道经红其拉甫大阪到克什米尔通印度，另一道经明铁盖大阪到阿富汗和伊朗。晋代高僧法显，西域名僧鸠摩罗什，曾经走过红其拉甫大阪这一道。唐代玄奘、意大利人马可·波罗曾经走过明铁盖大阪，从印度跋涉到中国。明铁盖，塔吉克语有千峰骆驼的意思，想当年一定经常有庞大的骆驼队出现在这里。高仙芝带领军队沿着盖茨河而上，翻过明铁盖大阪，来到了喷赤河上游的连云堡。

连云堡在今天阿富汗境内的萨哈德村对岸，是喷赤河上游最高的一个可以长年住人的要塞。当时堡中有吐蕃军兵1000多人据险扼守。在要塞南边七八千米的地方，又有蕃军八九千人驻守。高仙芝千里远行，师行百日，来到萨哈德村安营扎寨，这时已人缺柴薪，马缺草料，只有速战速决为上策。他立即派人去下战书，定于旧历7月13日正式交战。

这天天蒙蒙亮，唐军已在喷赤河边聚齐。高仙芝掌握了喷赤河水涨落的规律：喷赤河源介于兴都库什山和瓦汉山之间，两条大山上有许多冰川；在夏季，冰川融水每天的变化情况非常明显，下午河水暴涨，不能渡河，清晨是最低水位时期，正是大军渡河的最好时机。因此，唐军“人不裹旗，马不湿鞍”，顺利地渡过了喷赤河。

渡河之后，高仙芝横刀立马，身先士卒，登山挑击，仰攻设防严密的连云堡。这场战争从辰时（7~9点）打到巳时（9~11点）。蕃军大败，只得放弃要塞。高仙芝乘胜追击，与赶来增援的蕃军大队人马又接上了火，一直打到天黑，终于击溃了援军，缴获军马1000多匹，军资器械、刀枪弓箭、粮食草料不可胜数。这就是历史上的葱岭连云堡战役。

连云堡战役后，高仙芝继续追击蕃军，向坦驹岭进逼。坦驹岭，就是现在的达科特山口。从连云堡到坦驹岭，道路十分崎岖险阻，悬崖壁立，角峰峥嵘，行军3天，才走了30千米路程。跟随高仙芝的监军边令诚这时害怕得不肯再行走，高仙芝只得让他带领老弱伤残兵丁3000人退守连云堡。高仙芝又担心其他兵士不肯前进，就先派出20多个身强力壮的军兵，化装成坦驹岭那边阿弩越城的胡人，前来迎接唐军。这样，大队人马才翻过了坦驹岭。

坦驹岭山口，海拔4688米，是兴都库什山著名的峻险山口之一。登临山口，必须沿冰川而上，别无其他蹊径。这里有2条冰川，东面的一条叫雪瓦苏尔冰川，西面的一条叫达科特冰川，冰川的源头就是坦驹岭山口。这两条冰川的长度都在10千米以上，而且冰川上冰丘起伏，冰塔林立，冰崖似墙，裂缝如网，稍不注意，就会滑坠深渊，或者掉进冰裂缝里丧生。

公元1913年，英国探险家斯坦因第三次到中国西部考古，他走的是古丝道，翻越葱岭到中国。当他走到坦驹岭时，感慨万分。他心有余悸地看着岭下的两条冰川，目瞪口呆，吓得不敢迈步。他实在想象不出，当年玄奘走这条道路，已经极不容易。高仙芝居然能在1200多年前的技术装备情况下，组织如此一支万人的军队，安全通过这两条冰川，逾越这样的天险，而且还要随时打仗，这在人类历史的“记录上实为第一次”。他感叹地说，高仙芝“有过于欧洲史上拿破仑和苏沃洛夫诸名将越过阿尔卑斯山”。可惜中国人没有在这个隘口，“建立纪念碑之类，以志此事”。后人也就逐渐把高仙芝创造的业绩淡忘了。

客观地说，高仙芝葱岭之战的成就，远过于拿破仑翻越阿尔卑斯山。拿破仑翻越阿尔卑斯山口，高度没有坦驹岭高，冰川没有坦驹岭险，时间没有高仙芝长，而且不用作战，又是近代。真正在冰川上行军作战，世界史上是再也找不到高仙芝这样的先例的。这种奇迹，只有我们勤劳勇敢的炎黄子孙才创造出来。可惜我们的民族不善于大肆渲染，竟把它默默无闻地淹没在古史堆里。

高仙芝葱岭之战200多年后，古代北欧人在冰天雪地的冰岛和格陵兰岛上崭露头角。